BEITRÄGE ZUR KENNTNIS

DES

VERRUCANO

VON

DR. L. MILCH,
PRIVATDOCENTEN DER MINERALOGIE AN DER UNIVERSITÄT BRESLAU.

ERSTER TEIL.

MIT EINER TABELLE.

LEIPZIG,
VERLAG VON VEIT & COMP.
1892.

Druck von Otto Dürr, Leipzig.

Vorwort.

Vorliegende Arbeit ist als kleiner Beitrag zur Geologie der Glarner und Graubündener Berge gedacht; sie wurde in der Hoffnung unternommen, die petrographische Untersuchung der „Verrucano“ genannten Gesteine würde vielleicht Material zur Lehre von der mechanischen Gesteinsumwandlung liefern. Die petrographische Darstellung behandelt die im Verrucano auftretenden Eruptivgesteine und ihre Umwandlungsprodukte; ihr soll sich eine Untersuchung der Sedimentgesteine und deren Beziehungen zur Karbonformation anschliessen. Dieser zweite Teil wird auch die Ergebnisse der chemischen Untersuchung enthalten, die für die Eruptivgesteine bereits abgeschlossen ist, aber erst in Verbindung mit den Resultaten der Untersuchung an Sedimentgesteinen veröffentlicht werden soll.

Einer kurzen Erläuterung, vielleicht einer Entschuldigung bedarf der erste Abschnitt: „Historische Entwickelung der Kenntnis und Auffassung des Verrucano im Gebiet der Glarner Doppelfalte.“ Ursprünglich bestimmt, als kurze, historische Einleitung zu dienen, wuchs dieser Abschnitt im Laufe der Arbeit immer mehr. Da über die Bedeutung, die der Bezeichnung „Verrucano“ zuzuerkennen ist, wohl noch lange nicht das letzte Wort gesprochen ist, schien es angemessen, die Litteratur über diese Gesteine aus dem Kanton Glarus und Graubünden möglichst vollständig zusammenzustellen und auch Arbeiten zu berücksichtigen, die sich mit ähnlichen Gesteinen in anderen Gebieten beschäftigen, soweit sie auf die Bedeutung des Begriffes „Verrucano“ Einfluss geübt haben. Sollte diese Darstellung mehr als die subjektive Auffassung der in der älteren Litteratur niedergelegten Anschauungen bieten, d. h. gleichzeitig das Material für spätere kritische Arbeiten liefern, so musste ein grosser Teil der in älteren, teilweise schwer zugänglichen Werken, teilweise an zerstreuten Stellen niedergelegten Anschauungen im Wortlaut wiedergegeben werden; natürlich musste dann auch über die neueren Werke in ähnlicher Weise berichtet werden. Doch wird das Bestreben, allgemein bekannte und leicht zugängliche Werke (von Heim, Suess, Stache, Rothpletz, Schmidt etc.) möglichst knapp zu behandeln, wohl erkennbar sein.

Soweit in dieser Arbeit geologische Fragen zu berücksichtigen sind, dient stets das Werk von Prof. Dr. A. Heim (Mechanismus der Gebirgsbildung) zur Grundlage. Unter seiner Führung habe ich das Gebiet zuerst kennen gelernt und mich während der Arbeit seines Rates erfreuen dürfen; hierfür sage ich ihm auch an dieser Stelle meinen besten Dank.

Breslau, im Sommer 1892.

L. Milch.

Inhalt.

I.

HISTORISCHE ENTWICKELUNG

DER

KENNTNIS UND AUFFASSUNG DES VERRUCANO

IM GEBIETE DER GLARNER DOPPELFALTE.

Die ältere geologische Litteratur ist reich an Begriffen, die gleichzeitig eine geologische Formation und eine bestimmte Gesteinsausbildung bezeichnen. Mit der Erkenntnis, dass der petrographische Charakter unabhängig von dem Alter des Gesteins ist, mit der Fähigkeit, grössere Komplexe in kleinere wohlcharakterisierte Abteilungen zu zerlegen, verloren solche Sammelbegriffe mehr und mehr ihre Bedeutung. Einige, wie Übergangsgebirge, verschwanden völlig; andere, wie Grauwacke, sanken zu einer wenig gebrauchten Bezeichnung für eine gewisse Gesteinsausbildung herab; noch andere, wie Flysch, wurden auf einen engeren geologischen Horizont beschränkt.

Relativ am längsten haben sich solche Bezeichnungen in der Geologie der Hochalpen erhalten, hauptsächlich weil der Mangel an Versteinerungen die Zerlegung gewaltiger Komplexe unmöglich macht und die Gesteinsbeschaffenheit, selbst wenn man sie in einem engeren Gebiete als geologisches Merkmal gelten lassen wollte, durch sekundäre Einflüsse ungleichartig und oft bis zur Unkenntlichkeit des Gesteins verändert ist. Ein typisches Beispiel hierfür ist die Gesteinsgruppe des „Verrucano" im Sinne der modernen Schweizer Geologie; der Name bezeichnet Gesteine sowohl nach ihrem geologischen Alter, wie nach ihrer Erscheinungsart, er verbindet geologische und petrographische Merkmale. Ausserhalb der Schweizer Alpen war in verschiedenen Gebieten eine Sonderung der in der Schweiz als Verrucano zusammengefassten Gebilde möglich; dann wurde Verrucano bald die Bezeichnung für Gesteine eines bestimmten Alters, bald für Gesteine einer bestimmten Ausbildung.

Durch eine historische Entwickelung unserer Kenntnis von den Gesteinen, die später unter dem Namen Verrucano zusammengefasst wurden, sowie durch die Schilderung des Wechsels in der Auffassung, den dieser Name im Laufe der Zeit erlitt, soll versucht werden, die Bedeutung der verschiedenen Auffassungen dieses Begriffes darzulegen.

1779. Zum erstenmale werden in der Litteratur Gesteine, die später als Verrucano zusammengefasst werden, von SAUSSURE (Voyages dans les Alpes, IV Bände, Neuchatel 1779, 1786, 1796) erwähnt. Eine kurze Beschreibung eines groben „Grès", der nach SAUSSURE schon den Namen „Poudingue" verdient und eines auf ihn folgenden feineren Sandsteines vom Montagne du Buet (Band I, Kapitel XI, § 586, Seite 525) ist wenig charakteristisch, interessant ist nur die Stellung, die SAUSSURE diesen Gebilden an der Grenze zwischen primären und sekundären Bildungen anweist (§ 594, Seite 528), sowie die theoretischen Folgerungen (§ 595, Seite 529), die er aus dem seiner Ansicht nach allgemein verbreiteten Vorkommen der Konglomerate und Sandsteine an der Grenze der drei von ihm anerkannten Formationen zieht. Er folgert: „que tous les grands changemens dans les causes génératrices des montagnes furent précédés par des secousses du Globe, qui réduisirent en fragmens plus ou moins grossiers, differentes parties des montagnes qui existoient alors; que ces fragmens furent déposés par couches sur la surface de ces montagnes, dans un ordre relatif à leur pesanteur; que là des sucs de différente nature les agglutinèrent et les convertirent en Grès ou en Poudingues," eine Auffassung, die für die Bildungsweise der Sandsteine und Konglomerate sich mit der gegenwärtigen Anschauung vollkommen deckt, soweit auch die Ansichten über die Ursache dieser Bildungen von den heutigen abweichen.

1786. Für die Auffassung ähnlicher Konglomerate viel wichtiger wurde SAUSSURES Beschreibung der durch ihn zu hoher Berühmtheit gelangten „Poudingues de Valorsine" (erschienen 1786 in Voyages Band II, Kapitel XX, Seite 98 ff.). Hier giebt er zunächst eine Beschreibung der Konglomerate: in ihrer Grösse sehr schwankende eckige und gerundete Bruchstücke „primitiver" Gesteine, besonders von Gneiss, Glimmerschiefer, auch reinem Quarz, aber von keinem massigen Granit und vor allem von keinem Kalk- und Thongestein liegen in einem feinen, grauen, grünlichen, rötlichen bis violetten, auch marmorierten Schiefer (§ 691, S. 100, 101). Die regelmässige Bankung der Konglomerate, der Wechsel geröllführender und geröllfreier Schichten beweist, dass das Konglomerat sich in horizontaler Lage gebildet haben muss, die vertikale Stellung, in der diese Schichten sich bei Valorsine befinden, ist demnach durch eine sekundäre Aufrichtung hervorgebracht und ebenso ist der sie überlagernde konkordant einfallende Schieferkomplex sekundär aufgerichtet (§§ 690, 691, 693, 694, Seite 100—103). Dieser Nachweis einer sekundären Erhebung ganzer Schichtenkomplexe war für die Geologie von grosser Bedeutung und machte gleichzeitig das Gestein von Valorsine bekannt, so dass die Poudingues de Valorsine in die nachfolgenden geologischen Werke stets zum Vergleich bei der Beschreibung von ähnlichen Gebilden herangezogen wurden. In einer Anmerkung (T. II, Seite 107) vergleicht Saussure seine Poudingues mit dem von Voigt im Deutschen Merkur Februar 1785 beschriebenen Konglomerat an der Basis der sekundären Formationen, dem „Todtliegenden".

1796. Eine Andeutung über die Stellung unserer Gesteine finden wir wieder in dem Aufsatz H. C. Eschers „Geognostische Übersicht der Alpen in Helvetien" (erschienen im 3. bis 5. Heft des Mineralogen in der 19. Abteilung der kompendiösen Bibliothek S. 283 ff., Eisenach und Halle, 1796, mit einigen Zusätzen abgedruckt in Fäsis Bibliothek der schweizerischen Erdbeschreibung und Statistik, am leichtesten zugänglich durch den Abdruck in „Alpina", herausgegeben von C. U. von Salis und J. R. Steinmüller, 1. Band, Winterthur 1806, S. 266 ff.). Nach Escher sind „die unmittelbar auf das anfängliche oder wenigstens nahe mit ihm verwandte Gebirge aufgesetzten Gebirgsformationen nach den verschiedenen Stellen ganz verschieden; (Alpina, S. 273) „auf der Südseite der Alpen liegen oft einige wenige Breccienlagen zwischen dem Glimmerschiefer und dem aufliegenden Kalkstein" (S. 274) „nur selten erscheinen bestimmte Thonschieferformationen in unmittelbarer Nähe des Urgebirges; weit öfterer finden sie sich zwischen den verschiedenen Kalksteinformationen inneliegend, wie z. B. . . . am Klausen im Kanton Uri der rote Thonschiefer, welcher sich durch seine Fischabdrücke auszeichnet" (S. 275, 276).

So wenig Bestimmtes diese Zeilen bieten, sind sie doch für die Auffassung der Verrucanogesteine in der ersten Zeit, in denen die Geologie sich mit ihnen beschäftigte, von grosser Wichtigkeit; die Anschauung, dass in den Alpen auf das Urgebirge das Kalkgebirge folge und in das Kalkgebirge Konglomerate, Thonschiefer etc. eingelagert seien, hat sich lange erhalten, noch länger die Vereinigung unserer Gesteine mit den tertiären Fischschiefern vom Landesplattenberg bei Engi, Kanton Glarus, und den ihnen äquivalenten Flyschgesteinen.

1802. Weit deutlicher und bestimmter spricht sich derselbe Verfasser in einer am 14. Juni 1802 in Zürich gehaltenen Vorlesung: „Geognostische (geographische, mineralogische) Angaben über die Alpen in Helvetien" (abgedruckt in Alpina I, S. 283 ff. und im Taschenbuch für die gesamte Mineralogie, herausgegeben von Leonhard, Frankfurt a. M. 1808, S. 284 ff.) über dieselben Gesteine aus. Bei der Beschreibung der „Hochgebürgskalkstein-Formation" erwähnt er „verschiedene untergeordnete Gebirgsformationen", unter ihnen auch Grauwacke und Thonschiefer. Über Grauwacke, nach ihm „ein meist thonartiger, grob- und eckigkörniger Sandstein", bemerkt er (S. 283): „Sie ändert vom feinsten bis zum gröbsten Korn ab, so dass sie oft in eine eckigkörnige Nagelfluh[1]) übergeht, sie findet sich meist in der Südostseite der Alpenkalkstein-Formationen, und ist am ausgedehntesten in den Glarnergebirgen des Murg- und des Sernftthales; bei Mels im Sarganserland wird sie zu Mühlstein benutzt. Sie zeigt sich an den Grauen Hörnern zwischen dem Weisstannen- und Tamin-

[1]) In einer hier nicht zu berücksichtigenden Abhandlung H. C. Eschers, Geognostische Nachrichten über die Alpen, in Briefen aus Helvetien, Erster Brief, (Alpina II, S. 1 ff., 1807), definiert Escher Nagelfluh (S. 7 Anm.): „In der Schweiz ist der Name Nagelfluh ganz allgemein, und bezeichnet eine aus grossen Geschieben, die oft bis 50 Kubikfuss Inhalt haben, meist durch einen Sandstein fest zusammengekittete Felsart", und will diesen Namen für Konglomerate mit grossen Geröllen beibehalten, während er für Konglomerate, deren Geschiebe nicht über einen Kubikzoll betragen, die in der damaligen deutschen Geologie übliche Bezeichnung „Wurststein" vorschlägt. Nach Ebel (Über den Bau der Erde in dem Alpengebirge etc. 1808, II. Bd., S. 11, Anm.) „bezeichnet Flue in Schweizer Mundart steile Felswand, Nagelflue also Felswände, an denen Steine gleich grossen Nagelköpfen hervorragen."

thal" ... Es ist dies die erste bestimmte Angabe über ein wichtiges Verbreitungsgebiet des Verrucano.

Als Thonschiefer (S. 283) sind wieder die Klausenschiefer mit den Glarner Fischschiefern vereinigt.

1803. Im Jahre 1803 fand L. von Buch, offenbar ohne von dem Escherschen Vortrage Kunde zu haben, auf seiner „Reise über die Gebirgszüge der Alpen zwischen Glaris und Chiavenna im August 1803" (Magazin der Gesellschaft naturforschender Freunde, Berlin, Dritter Jahrgang 1809, S. 102 ff.) „zu beiden Seiten des Sernftthales eine neue Gebirgsart, die wir auf der Westseite von Glaris noch nicht gesehen hatten. — Ein Konglomerat von einer ganz eigenen Natur. Wir erkennen deutlich eine Hauptmasse wie im Porphyr . . . diese Masse ist bräunlich, rot und schieferig. Sie umgiebt grosse, weisse, runde Quarzstücke, viel Thonschiefer, grünlich-graue Talkschieferbrocken und dann noch viele kleinere Körner von grauem Quarz und rötlich-weissem Feldspat. — Weiter hinauf gegen Engi trafen wir öfters auf Stücke von wahrem Jaspis[1]) und wir mussten uns fast stets der Geschiebe erinnern, um uns nicht auf Porphyrboden zu glauben" (S. 102, 103). Bei Überschreiten des Panixerpasses von Elm (Kanton Glarus) nach Ilanz im Rheinthal konstatiert v. Buch „Grauwacke auf der Nordseite, südwärts Talkschiefer und Thonschiefer" (S. 108, 119). „Grauwacke" ist hier zum Teil wieder Flysch, die Talkschiefer und Thonschiefer beziehen sich offenbar auf den Verrucano des Rheinthales, der hier nach der mir zugänglichen Litteratur zum erstenmale erwähnt und erst viel später als Analogon des Gesteines des Sernftthales erkannt wird.

1805. Diese Beobachtungen sind erst 1809 veröffentlicht, offenbar hat aber L. v. Buch sie lange vor dieser Zeit Escher

[1]) Hier sind unter Jaspiskörnern offenbar Porphyrbruchstücke verstanden, die von L. von Buch nicht angegeben werden, aber in solcher Menge und Grösse in dem von ihm beschriebenen Gesteine liegen, dass sie nicht übersehen werden konnten. Nun zieht sich aber die Angabe, dass Jaspis als Geröll in den Konglomeraten vorkomme, bis in die neueste Zeit durch die ganze Litteratur hindurch; da es trotz eifrigsten Suchens mir nicht gelang, Fragmente, die als Jaspis gedeutet werden können, in den Konglomeraten aufzufinden, glaube ich annehmen zu dürfen, dass unter dem Einfluss der älteren Litteratur ganz dichte, rote, felsitische Porphyre mit muscheligem Bruch als Jaspis bezeichnet wurden.

mitgeteilt, wie ein Brief C. ESCHERS aus dem Jahre 1805 (abgedruckt im Magazin der Gesellschaft naturforschender Freunde, Berlin 1809, S. 175 ff.) an L. v. BUCH beweist. ESCHER schreibt: „Ich zählte das Konglomerat des Sernftthales bisher zur Grauwackenformation, weil das thonige Bindemittel eine so ziemlich gleichförmige Masse bildet, in die nicht Geschiebe, wie bei dem gewöhnlichen Konglomerat, sondern eckige Bruchstücke eingeknetet sind, und in anderen Stellen dieser Formation die Lager derselben nach und nach in ziemlich bestimmten Grauwackenschiefer übergehen;" die Einreihung in die Grauwackenformation geschieht also aus petrographischen Gründen. Als Grenze der Formation gegen Nordost wird das Thal der Setz und des Wallensees angegeben, „gegen Südwest hin scheint sie sich bis unter die Gletscher zwischen dem Tödi und den Klariden fortsusetzen" (S. 175, 176).

Unabhängig von L. v. BUCH hat A. DE CHAMBRIER (Recherches sur les montagnes d'Alluvions ou Poudingues de la Suisse, Journal de Physique tome LXI, S. 241 ff., erschienen Vendémiaire an XIV also 1805) die Gesteine zwischen Glarus und Chiavenna und zwischen Chiavenna und Wallenstadt mit besonderer Berücksichtigung der Konglomerate von Engi, Mels etc. untersucht; er unterscheidet scharf die älteren Konglomerate und die jüngere tertiäre Nagelfluh, vergleicht die Gesteine von Engi mit denen von Valorsine und erklärt sie als hervorgebracht durch Wässer, „qui longtemps ont couvert les montagnes les plus anciennes et en les usant peu-à-peu par leur agitation ordinaire en ont rassemblé, agglutiné les débris à leur pied et dans les anciennes vallées: les eaux en s'abaissant auront successivement déposé les parties argileuses, calcaires et autres, pour former les montagnes de transition et sécondaires" (S. 251).

Nach EBEL (Anleitung, die Schweiz zu bereisen, II. Aufl., Zürich 1805) — das Werk ist mir leider nur in der I. Auflage zugänglich, die keinerlei geologische Angaben enthält; ich citiere die Stelle aus der II. Auflage nach SALIS: Beiträge zur Untersuchung der Überbleibsel erloschener Vulkane innert dem Gebiete der Alpen, Alpina III 1808, S. 308 ff.) streichen am „Südufer des Wallensees rote Kalkstein- und Thonschieferlager in beträchtlicher Höhe zwischen Kalkstein durch . . . Diese roten Thonsteinlager gehören zu der roten Thonsteinformation des Kanton Glarus. Nur etwas südlicher, oberhalb Mels, werden aus dieser roten Thonsteinbreccie Mühlsteine gebrochen" (Ebel, T. IV, S. 224, Alpina l. c. III, S. 313, 314).

1807. In seinem Vortrage von 1802 hat Escher die „Grauwacke-Formation" im nördlichen und östlichen Teile des Glarner Verrucanogebietes kennen gelehrt, in seinem Briefe an L. v. Buch von 1805 die Verbreitung gegen SW angegeben; ein Brief von ihm an Leonhard (geschrieben 1807, abgedruckt in Leonhards Taschenbuch für die gesamte Mineralogie Band III, 1809, S. 339 ff.) zeigt, dass er die westliche Grenze annähernd aufgefunden hat. Er berichtet von einer „Art Grauwackeformation, die im Linththal hinter Glarus an der rechten Thalseite sich zeigt, . . . sich von hier an nur gegen Ost, nicht aber gegen West erstreckt und die durch das Thal der Linth auf einmal abgeschnitten zu sein scheint. Diese Grauwackenformation ist . . . unmittelbar auf die Alpenkalksteinformation aufgesetzt, ohne dass eine Art von Übergang oder Zwischenlage statt hat . . . der Auslauf des Sernftthales ins Linththal ist ganz in diese merkwürdige Formation eingeschnitten" (S. 344, 345). Im weiteren Verlauf seines Berichtes erwähnt Escher hier zum erstenmale zwei Thatsachen, die später für die Auffassung des Verrucano grosse Bedeutung erlangen. Auf einem Felsenabsatz über der unteren Sandalp am Fusse des östlichen Tödigletschers beobachtet er in dem Hintergrunde des Linththales „eine mehr oder minder ockerbraune, zuweilen rötliche Streife, die sich in beträchtlicher Höhe an den steilen Felswänden dieses Thalkessels fast ununterbrochen herumzieht und eine Breite von mehreren Lachtern zu haben scheint" (S. 348). Der Streifen besteht aus eisenschüssigem Kalk, der, in frischem Bruch blass aschgrau, rötlich anwittert; er findet sich, „etwas über dem unmittelbaren Aufliegen der Kalksteinformation auf der Gneissformation und gehört vielleicht der Übergangsformation an" (S. 349). Das Gestein wurde später als Röthidolomit bezeichnet und als das Hangende des Verrucano erkannt. Die zweite wichtige Entdeckung betrifft das Vorkommen von Anthracit „Kohlenblende" am Tödi, die er in herabgestürzten Felsenstücken auf dem nordöstlich sich herabziehenden Gletscher „in nicht unbeträchtlicher Menge und zwar in so grossen Stücken fand, dass daraus auf starke ausgedehnte Lager an der Dödikuppe zu schliessen war" (S. 349, 350). Auf die grosse Wichtigkeit des Anthracit für die Altersbestimmung des Verrucano kann erst an späterer Stelle eingegangen werden.

1808. In einer Anmerkung zu der Salisschen Arbeit und zwar speciell zu dem oben erwähnten Citat aus Ebel giebt Escher (Alpina IV, S. 314) eine treffende Beschreibung von dem Verhalten der einzelnen Varietäten der roten Thonsteinformation Ebels: „Bei Murg senkt sich diese sogenannte Thonsteinformation bis an den See herab: sie besteht aus rotem Thonschiefer, der durch Beimengung feiner und kleiner Sand- und Glimmerkörnchen in Grauwackeschiefer übergeht; unregelmässige, grob- und grosskörnige Lager einer ebenfalls roten Grauwacke wechseln oft mit dem Schiefer ab und gehen nicht selten durch allmähliche Verkleinerung des Korns in den Schiefer über. In der Alp Bärenboden am östlichen Fusse des Mörtschen (Mürtschenstock) liegt der Alpenkalkstein unverkennbar auf dieser roten Grauwackenformation auf."

In demselben Jahre erschien Ebel, „Über den Bau der Erde in dem Alpengebirge zwischen 12 Längen- und 2 bis 4 Breitengraden" (Zürich 1808), die erste „allgemeine Übersicht der geognostischen Verhältnisse des ganzen Alpengebirges." Auf Grund seiner theoretischen, extrem neptunistischen Anschauungen hielt er die gegenwärtige „Streichung und Senkung der Urfels-Schichten-Systeme, wie der Flötz-Schichten-Systeme" für primär und glaubte auch, dass „während der Zerstörungs-Zeiträume die gerollten Trümmer zerrissener Felsen nach den allgemeinen Gesetzen abgesetzt wurden" (Bd. II, S. 401—414), also gleichfalls mit dem seiner Ansicht nach für die Alpen herrschenden Streichen WSW—ONO und steilen Fall sich aus dem Meere ausschieden. Aus diesen Gründen gelten Gesteine, die in einer Streichrichtung liegen, als gleichalterig; er stellt demgemäss Verrucanogesteine an ganz verschiedene Stellen seines Systems. Zu den „Urfelsarten" rechnet er als „Urgrauwackenlager" die Gesteine des Bredathales und der Penninischen Alpen, also die Gesteine des Unterwallis zwischen St. Maurice und Martigny, nach seinen Angaben „teils äusserst kleinkörnig, aus vielen Granit-, Gneiss- und Quarzstücken bestehend, deren Bindemittel entweder die kleinkörnige Grauwacke oder ein ziemlich bestimmter ganz schwarzer Glimmerschiefer ist . . . nach SW tritt sie ins Valorsinethal". Es folgt eine Beschreibung der bereits durch Saussure bekannt gewordenen Poudingues; charakteristisch für Ebels Auffassung dieser Gesteine ist eine Bemerkung über „gelbliche Lager nur aus feinen Quarzkörnern zusammengesetzt. Diese Felsart, welcher man die Benennung ‚Ursandstein' nicht versagen kann, nimmt auf der Leiter der Urgrauwackearten die erste Stufe ein und geht in dieselben durch Beimengung von Glimmer und grossen Urgebirgskörnern über" (I, S. 55, 56). Ausserhalb der Centralkette liegende Gesteine sind für ihn um so jünger, je weiter sie entweder nach Nord oder Süd von ihr entfernt sind; unter den vorgelagerten vier Kalksteinketten ist die dritte, „durch ihre Thonschiefer und Grauwackelager, welche zwar nicht überall, aber doch in sehr ausgedehnten Strecken (wie von der Landschaft Aigle bis zum Niesen 20 bis 30 Stunden, und vom Klausenberg an der nordwestlichen Grenze des Kanton Uri durch den Kanton Glarus bis an den Wallenstädter See 12 bis 16 Stunden weit) . . . beobachtet werden" (I, S. 338), die wichtigste. Natürlich verbindet er wieder Verrucanogesteine mit den tertiären Schiefern des Kantons Glarus, sowie die jungen Sandsteine und Konglomerate vom Niesen mit älteren Gesteinen; die Beschreibung aber, die er von dem Wechsel der Gesteinsbeschaffenheit und dem Verhältnis der einzelnen Varietäten des Verrucano zu einander giebt, ist überaus treffend: „Die Zwischenlager des dichten Thonsteins und Schiefers in dem Kanton Glarus sind schwarz, häufiger dunkelrot, wechseln bisweilen mit anderen von grüner Farbe, und gehen durch Beimengung von Quarz und Glimmerkörnern in rote Grauwacke und Grauwackeschiefer über. Diese rote Grauwacke zeigt sich häufig sehr grob und grosskörnig, so dass sie einer Nagelflue aus scharfeckigen Stücken ähnlich wird; nämlich nicht bloss Quarz, Glimmer und Jaspiskörner, sondern auch kleine und ziemlich grosse eckige Kalkstein-[1]) und schwarze Thonschiefer-[2]) Stücke sind in unendlicher Mannigfaltigkeit in

[1]) Einschlüsse von dolomitischem Kalk finden sich nur in den obersten schieferigen Lagen des Verrucano.

[2]) Schwarze, schieferige Gerölle finden sich gelegentlich in den Konglomeraten, besonders denen des Murgthales und bei Mels; häufiger sind jedoch dunkelgrüne Schiefer. Vielleicht sind unter die schwarzen Thonschiefer auch Melaphyrgerölle einbezogen.

den Thonstein zusammengeknetet. Die Mischungen dieser Steinarten folgen sehr grell aufeinander. Rote und grüne Thonsteinschichten liegen unmittelbar übereinander, nur durch eine Quarzader getrennt. Grob- und grosskörnige rote Grauwackeschichten wechseln mit dichtem Thonstein, oder gehen durch allmähliche Verkleinerung ihres Korns in rote Grauwackeschiefer über. Auch erscheinen Schichten einer weisslichen Steinmasse, welche ohne die mindeste Beimengung von Thon meistenteils aus ineinander geflossenen Quarzkörnern zu bestehen scheint. Alle jene Mischungen zeigen sich aber nicht bloss lagerweise äusserst unregelmässig übereinander, sondern sie liegen auch nesterweise ineinander. So z. B. sieht man in ganz roten, dichten Thonsteinschichten fussgrosse Nester von dem weisslichen Quarzkörnergestein, und in grünen Thonschichten Nester von grober und roter Grauwacke. Beispiele hiervon kann der Beobachter in demjenigen Teile des Kanton Glarus, welcher zwischen dem Sernftthale und Wallenstädter See liegt, in Menge finden. Hin und wieder sind die Grauwackelager so reich an Quarzkörnern, und alle Steinbrocken durch die in den roten Thon eingemengten Eisenteile so fest untereinander gebunden, dass man darin vortreffliche Mühlsteinbrüche angelegt hat, wie bei Mels in der Landschaft Sargans.“ (I, S. 338, 339).

Obwohl man bei dem Aufstieg auf die Grauen Hörner von den Melser Steinbrüchen aus nie aus Verrucanogesteinen herauskommt, so rechnet Ebel doch das Gestein der Grauen Hörner ebenso wie die „Grauwacke in dem oberen Sernftthal“ „zu der unter der zweiten Kalksteinkette streichenden Thonschieferkette“ (I, S. 304, 305, 309); in dieser Hinsicht, besonders in der Trennung bereits als zusammengehörig erkannter und der Vereinigung durchaus verschiedener Gesteine bezeichnet Ebels Auffassung einen entschiedenen Rückschritt gegenüber der Escherschen.

1808/9. Auf die Schwächen des Ebelschen Werkes, auf die Wechselbeziehungen, die zwischen unzureichender Beobachtung und vorgefassten theoretischen Anschauungen beruhen, macht Escher in seiner inhaltreichen Kritik des Ebelschen Werkes (Alpina IV, 1809, S. 287 ff., geschrieben 1808) aufmerksam; besonders wichtig ist der Vorwurf: „da Ebel die ganze Übergangsformation, die in den Alpen eine so grosse Rolle spielt, . . . nicht aufgestellt hat, so finden sich die Grauwackengebirge in diesem ganzen System ausgelassen“ (S. 330).

1809. Die Forderung Eschers, in den Alpen das „Übergangsgebirge“ auszuscheiden, lässt sich wahrscheinlich auf den Einfluss L. v. Buchs zurückführen: in den Anmerkungen zu dem Briefe C. Eschers von 1805 (Magazin der naturforschenden Freunde III, 1809, S. 175 ff.) spricht sich L. v. Buch nochmals ganz entschieden gegen die Bestimmung eines Gesteins als Grauwacke aus petrographischen Gründen, gegen die Eschersche, seiner Anschauung nach viel zu weite Auffassung des Begriffs „Hochgebirgskalkstein“ und für die Ausscheidung des Übergangsgebirges in den Alpen aus. Offenbar hat er Escher seine Ansicht schon vor der Publikation mitgeteilt und ihn von dem Vorhandensein der Übergangsformation überzeugt; ein Unterschied in der Auffassung beider Forscher bleibt aber noch in Hinblick auf das Alter der Konglomerate bestehen. L. v. Buch erklärt sie für Rotliegendes, zu der Escherschen Bestimmung als Grauwacke bemerkt er: „nur an der Lagerung sollen wir die Gebirgsarten erkennen. Sonst wäre der ganze Name der Grauwacke sehr überflüssig; man würde sie als Sandstein den Sandsteinen anderer Formationen beizählen können. Grauwacke ist aber Sandstein der Übergangsformation, sie mag übrigens aussehen wie sie will. Im Gegenteil, Sandstein, der nicht zur Übergangsformation gehört, ist nicht Grauwacke: er mag ihr sonst noch so sehr gleichen. Nun wäre es wohl ganz konsequent, des Sernftthales Konglomerate für Übergangsgebirgsarten zu halten, wenn nicht die ganze Transitionsformation so schön zwischen Elm und Ilanz hervorträte. Die Konglomerate von Engi, Schwanden und Mels stehen daher in der Mitte zwischen der Grauwacke und den Konglomeraten des Rigi und sind in den Formationsreihen wahrscheinlich mit dem Roten Toten in Teutschland übereinstimmend“ (S. 176). In den Bemerkungen zu Eschers Brief von 1807 (l. c. S. 183 ff.) wendet sich L. v. Buch gegen Eschers fast alle Formationen umfassende „Hochgebirgskalkstein-Formation“, fordert die Ausscheidung der Übergangsformation und betont die Nichtzugehörigkeit der Konglomerate zu der letzteren.

1811. Die „geognostische Übersicht der Schweiz" von CH. BERNOULLI (Basel 1811) bietet nur eine Zusammenstellung der bisher erworbenen Erfahrungen, ohne neue Gesichtspunkte zu liefern; obwohl er den „Grauwacken" einen Abschnitt widmet und die Gesteine vom Wallensee beschreibt, kann das Werk hier übergangen werden.

1812. Eine Forschungsreise führte im Jahre 1812 H. C. ESCHER durch das Sernftthal über den Martinlochpass nach Flims in das Vorderrheinthal; die Beschreibung dieser Reise (veröffentlicht von ARNOLD ESCHER in den „Mitteilungen aus dem Gebiete der theoretischen Erdkunde", herausgegeben von J. FRÖBEL und O. HEER, Bd. I, Zürich 1836, S. 173 ff.) giebt für das Sernftkonglomerat nichts Neues (S. 179, 180). In der Auffassung der den Nordabhang der Höhen bildenden Gesteine stimmt ESCHER mit L. v. BUCH überein und bezeichnet sie als Grauwacken und Thonschiefer, also Übergangsgebirge. Wichtiger sind die Bemerkungen über das Gestein des Vorderrheinthales, das hier zum erstenmale einer Besprechung unterzogen wird. „An dem Abhange" (an der Strasse zwischen Laax und Sagens, beide Orte nordöstlich von Ilanz gelegen) „gehen an mehreren Stellen Felsen zu Tage aus . . . Sie haben ganz gneusartiges, grobflaseriges Ansehen und grünlich weisse, ins Graue fallende Farbe, allein weder Glimmer noch Quarz sind deutlich im verworrenen Gemenge, ebensowenig zeigt sich Feldspat mit Bestimmtheit . . . Nicht unwahrscheinlich ist dieses Gestein mit demjenigen identisch, welches sich von hier an der linken Seite des Vorderrheinthales aufwärts über Ruwis (Ruiz) bis gegen Panix hinaufzieht . . . man verfolgt diese problematische Gebirgsart in verschiedenen Abänderungen in ausgedehnten Tagstellen bis über Ilanz hinauf. Unter Ilanz . . . ist die anstehende Gebirgsart durch den Rhein und durch die Strasse in grossen Strecken entblösst. Sie ist dickflaserig, grünlich-grau, oft bräunlich; weisser Quarz zeigt sich ziemlich unverkennbar mit grünlich-grauem, talkigem Thonschiefer, beide unregelmässig abwechselnd und oft miteinander verwachsen . . . Höchst wahrscheinlich gehören alle diese längs der linken Seite des Vorderrheins gefundenen Abänderungen zu einer und derselben Gebirgsart." (S. 191, 192.)

Dieses Gestein ist die herrschende Varietät in dem grossen Graubündener Verrucanogebiet, das hier mit seinem Hauptcharakterzug, dem Aufsteigen der Schichten vom Rhein nach Norden, in die Litteratur eingeführt wurde.

1816. Die Entdeckung eines ähnlichen Gesteins in demselben Graubündener Verrucanogebiet weiter rheinaufwärts macht C. Eschers Reise von 1816 aus dem Linththal über den Kistenpass in das vordere Rheinthal (veröffentlicht von A. Escher in Heers Theoretischer Erdkunde 1836, s. o. S. 537 ff.) wichtig. „An dem Vorhügel der rechten Seite des Rubitobels,[1]) an der linken Seite des Vorderrheinthales ist die anstehende Gebirgsart wieder ein grünlich-grauer, fett anzufühlender talkiger Thonschiefer, welcher mehr oder minder dünn, bald etwas uneben, bald flach wellenförmig blätterig ist“ (S. 548). In dem Val Naul nahe bei dem Dörfchen Danis im Rheinthal, besteht die anstehende Gebirgsart „aus einem krummflaserigen Gneisse, welcher neben weissem Quarz grünlich-graue, silberweiss glänzende Talkblättchen enthält und sich einem quarzreichen Talkschiefer nähert.“ Ausdrücklich bezeichnet Escher dieses Gestein als „zu den sogenannten Urgebirgsarten“ gehörig und glaubt auch, „dass jene verwandten talkigen Thonschiefer des Rubitobels auch schon dieser Formation angehören“ (S. 549). Von Danis bis Trons konstatiert er diese Gesteine, die stets zwischen „Talkschiefer“ und „Thonschiefer“ schwanken (S. 550).

1816/17. Den Umstand, „dass . . . zwischen dem Sernftthale und dem Wallenstädter See in den dort befindlichen Thonschichten ganze Nester von roter Grauwacke liegen“, benutzt Gerhard (Denkschriften der Kgl. Akademie der Wissenschaften in Berlin 1816/17, S. 1 ff.) um die chemische, nicht mechanische Bildungsweise zusammengekitteter Felsarten nachzuweisen; auf seine Theorie der Entstehung der Gesteine durch „Koagulierung der Gasarten“ ist hier nicht näher einzugehen.

---

[1]) „Mit dem Worte Tobel werden in einem grossen Teile der Schweiz diejenigen Bacheinschnitte bezeichnet, welche zu eng und schmal sind, um Thal genannt zu werden, und nicht schroff und felsig genug, um eine Schlucht zu sein.“ Anm. A. Eschers zu C. Eschers Reise von 1812 in Heers Mitteilungen aus dem Gebiete der theoretischen Erdkunde, 1836, S. 190.

1821. Buckland (Annals of Philosophie, new Serie I, S. 450 ff., 1821, auch Structure géognostique des Alpes, Journal de Physique 1821, XCIII), erklärt die Gesteine im Thale von Glarus für Übergangsgebirge, bestreitet das Vorhandensein von Karbonäquivalenten in den Alpen und betrachtet gewisse Konglomerate als Äquivalente des New red sandstone, wohin jedoch nach seiner Ansicht (s. u.) die Konglomerate von Valorsine nicht gehören.

Mit dieser Bucklandschen Arbeit schliesst die erste Periode in der Geschichte der Erforschung des Glarner und Graubündener Verrucano; ein grosser Teil der Gesteinsarten, die in diese Gruppe gehören, sind entdeckt, wenn auch an ganz verschiedene Stellen des Systems gebracht, und in grossen Teilen des Gebietes, besonders in den Höhen, noch nicht aufgefunden. Die Gesteine galten in dieser ersten Zeit für durchaus unverändert und im allgemeinen an der Stelle ihrer Bildung befindlich; ihrem Alter nach wurden sie von den verschiedenen Forschern zum Urgebirge, (C. Escher p. p., Ebel p. p.) an die Grenze zwischen Ur- und Übergangsgebirge, (Saussure) in das Übergangsgebirge, (C. Escher p. p., L. v. Buch p. p.) an die Grenze zwischen Übergangsgebirge und Flötzformation (als Rotes Totes von L. v. Buch) und in das Flötzgebirge (als Alpenkalkstein p. p. von Ebel) gerechnet.

Charakteristisch für die ganze Periode ist die Auffassung der tertiären Flyschschiefer im Kanton Glarus; weil sie infolge tektonischer Störungen unter dem Verrucano liegen, werden sie als ältere (L. v. Buch) oder mindestens gleichalterige Gesteine (C. Escher, Ebel) betrachtet und allgemein als Grauwacke resp. typisches Übergangsgebirge aufgefasst.

Nach den theoretischen Anschauungen, die diese Periode beherrschen, kann man sie als die neptunistische bezeichnen.

1827. Zum letztenmale unbestritten erscheinen diese Grundsätze, soweit die Verrucanogesteine in Betracht kommen, in zwei Abhandlungen A. Boués. In seiner Arbeit „Synoptische Darstellung der die Erdrinde ausmachenden Formationen (Leonhards Zeitschrift für Mineralogie, Frankfurt a. M., Jahrgang 1827, II. Band, S. 1 ff.) stellt er das Gestein vom Wallenstädter See in die Gruppe des „neuen Übergangsgebietes“ oder des „roten

Übergangssandsteines" (S. 52, 53) und rechnet es in seinen Tabellen zusammen mit dem „Granitischen Konglomerat von Valorsine und Sargans" (offenbar ist das Melser Gestein gemeint) als „rotes Konglomerat" zu seiner Abteilung „jüngere Grauwacke oder rote Übergangs-Sandsteinformation" (S. 140—144). Dieselbe Stelle zwischen schiefrigen Übergangsgesteinen und Grauwacke einerseits, den Kalkzügen andererseits, weist er den Gesteinen in seinem „Geognostischen Gemälde von Deutschland" (französisch erschienen 1827, mir war nur die deutsche Übersetzung von Leonhard, Frankfurt a. M. 1829, zugänglich) an; in ihrer Gesamtheit bezeichnet er sie als Stellvertreter „der roten Transitionssandsteine" (S. 64, 65) und fügt zu den eigentlichen Sandsteinen, Breccien und Konglomeraten noch die „talkig-quarzigen Felsarten."

1827. Die zweite Periode beginnt mit einem Aufsatz von B. Studer: „Geognostische Bemerkungen über einige Teile der nördlichen Alpenkette" (Leonhards Zeitschrift für Mineralogie, I. Band, Frankfurt a. M. 1827, S. 1 ff.), in dem durchaus neue Gesichtspunkte zur Geltung gelangen. Ihm erscheint „die Formation, die zwischen dem Tödi und Kalanda und den nördlichen Kalkgebirgen des Glärnisch, Mürtschenstock und den Kuhfirsten hohe Gebirgszüge bildet", nach der modernen Nomenklatur also das Gebiet der Glarner Doppelfalte, „abgesehen von dem, wie wir finden werden, abnormen Veränderungen, die sie in einigen Teilen erlitten hat, als eine Schiefer- und Sandsteinbildung, die sich nur höchst schwierig, wenn je, in mehrere Formationen zerteilen lässt" (S. 4). Er wendet sich gegen die Bezeichnung des grössten Teiles dieser Bildungen oder auch des Ganzen als Übergangsgebirge, da kein „charakteristisches Petrefakt des Übergangsgebirges in jenen Schiefern gefunden worden ist, keine Orthoceratiten, keine Produkten, keine Korallen, dagegen eine ungeheure Menge von Nummuliten, N. laevigatus Lam. oft von mehr als einem Zoll Durchmesser, Turriliten . . ., Echiniten, der Gattung Galerites angehörend . . . kleine Chamen, Cardien und Pecten von gewöhnlichen Formen, kleine Austern u. s. w. Alles Petrefakten, die man sonst im Greensande oder in der Kreide zu finden gewöhnt ist" (S. 6). Zu ähnlichen Bemerkungen veranlassen ihn die „Fischabdrücke des Plattenberges" von Engi und die von Cuvier für eine Meeresschildkröte erklärte Andreaesche Schildkröte aus demselben Bruch.

Die schwarzen Schiefer und Sandsteine, von ihm richtig als junge Gebilde erkannt, hält er für das ursprüngliche Gestein, „allmählich ändert sich aber" — diese Stelle speciell bezieht sich auf den Riesetenpass — „der Charakter der Steinart... Der Schiefer wird mehr und mehr glänzend, dem älteren Thonschiefer täuschend ähnlich, die schwarze Farbe erhält zugleich einen rötlichen Anstrich und wird violett, fleckenweise sieht man auch lebhaft graue, grüne und rote Farben mit ausgezeichnetem Seidenglanze . . . (S. 10) . . . am südwestlichen Fusse des Spitzmeilen herrschen schwarze oder violette Schiefer ... aber in der Höhe geht das Violett in das schönste Rot über und in bedeutender Mächtigkeit bedecken diese roten Schiefer alle Rücken, die das Krauchthal und das Weisstannenthal nordwestlich begrenzen. Untergeordnet diesen Schiefern findet man ... körnige Quarzfelslager . . . in den Stein der Melser Steinbrüche übergehend . . . (S. 11). Ganz ähnliche, nur mehr sandsteinartige Lager sind auf den Höhen der Kalfeuserberge dem grauen und schwarzen Schiefer untergeordnet. Mit jenem Quarzfels und rotem Schiefer, ebenfalls in dem obersten Teile der Rücken, wechseln Lager von dichtem Dolomite ... Auf ähnliche Weise kommen in der schwarzen Schieferformation dunkle Kalklager vor (S. 12) . . . In der Umgebung des Murgthales hat die Färbung und Veränderung der Steinarten ihren höchsten Grad erreicht, sie erstreckt sich vom Wallenstädter See bis auf die Höhen über den Murgseen (S. 16, 17). Nur ungefähr die Hälfte des ganzen Thalabhanges besteht aus dem roten Thonschiefer, den wir bisher, mit Einschluss des unveränderten schwarzen Schiefergebirges, als das unterste Gestein dieser Gegenden kennen gelernt haben; tiefer wird die Schichtung verworrener, es mengen sich Geschiebe ein, und man sieht sich von einem Konglomerate umgeben, ohne dass man genau nachweisen kann, wo beide Steinarten einander begrenzen" (S. 17). Besonders charakteristisch für Studers Auffassung ist die Beschreibung der Spitzmeilen: „Als hätte indes die Umwandlung auch nach oben, wo sie sonst am stärksten und in die grösste Entfernung sich geäussert, ihre Grenzen gefunden, so findet man . . . in einer Höhe von 6000 bis 7000 Fuss, auch Lager, die jene (bunte) Färbung nicht teilen und ganz mit den veränderten Gesteinen der Kalfeuser Berge übereinstimmen, sogar noch Spuren von Petrefakten, besonders Belemniten enthalten" (S. 14). Seine theoretischen Anschauungen fasst er in folgenden Worten zusammen: „Sehr abweichend von anderen alpinischen Formationen, deren Streichungslinie auch die der Alpenkette ist, durchschneidet die unserige diese Linie unter einem nordöstlichen Winkel von 60° und zeigt hierdurch von neuem, dass sie nicht als selbständiges Glied der Formationsreihe von gleichem Range wie der Gneiss, das Schiefergebirge, die Molasse, sondern nur als eine besondere, später erfolgte Modifikation einer dieser Bildungen betrachtet werden müsse" (S. 25, 26).

Es ist unmöglich, alle wichtigen Einzelheiten, die diese Arbeit enthält, auch nur anzudeuten; trotz der längst überwundenen theoretischen Anschauung, die STUDERS Studien zu jener Zeit beherrschte, sind die angegebenen Profile so charakteristisch geschildert, wichtige Beobachtungen über die Verbreitung der einzelnen Varietäten wie der Gesamtheit der „veränderten Gesteine" mitgeteilt, dass fast jede thatsächliche Angabe erwähnenswert wäre. Als wichtigste Daten seien hervorgehoben: der Nachweis von der Verbreitung der „bunten veränderten Gesteine", des Konglomerats wie der bunten Schiefer, in dem Kärpfgebiet (Gebiet der Glarner Freiberge) (S. 22 ff.), die erste Entdeckung von Mandelstein in Trümmern und anstehendem Fels: „dunkelviolette, braunrot nuancierte Trümmer, die man nach ihrer zelligwarzigen Aussenfläche leicht für wahre Laven oder vulkanische Schlacken hätte halten können. Dem Äusseren entsprach das Innere, das eine gleichfarbige Grundmasse mit mandelsteinartig eingesprengten, eiförmigen oder unregelmässigen Kalkspatkörnchen zeigte, mit paralleler Richtung der längeren Dimensionen etc." (S. 22). „Trümmer von bunten Schiefern und Talkgesteinen, mit denjenigen des Kärpfstockes übereinstimmend, fand er am Panixer Pass, ebenso am Piz da Dartjes und noch südlicheren Spitzen am Kistenpass (S. 24). Zum ersten Male vergleicht er sie mit den bisher für älter gehaltenen Gesteinen des Rheinthales: „In welchem Verhältnis sie zu den grünen Talkschiefern stehen, die bei Brigels wie bei Tamins und Feldsperg bei Chur, steil südlich fallend, die linke Seite des Bündener Oberlandes bilden, ob beide vielleicht unmittelbar zusammenhängen und der nämlichen Formation angehören, verdiente wohl eine nähere Untersuchung" (S. 24, 25). Wichtig ist ferner die Einbeziehung des gneissähnlichen Gesteins von Vättis am Eingange zum Kalfeuserthal (S. 28—30). Weniger glücklich ist der Vergleich mit westalpinen Gesteinen; da STUDER schon im Kanton Glarus und Graubünden die ganze Schichtfolge vom Verrucano bis zum Tertiär für eine Formation und gerade die jüngsten Gebilde für die unveränderten hält, so vergleicht er sie hauptsächlich mit Flyschgebilden[1]) der westlichen Alpen.

Von den beiden durchaus neuen Anschauungen STUDERS, der Auffassung der Glarner Gesteine als jüngere Bildungen und ihrer sekundären Veränderungen auf plutonischem Wege, gewinnt zunächst die erstere in der Litteratur Bedeutung.

1828. PUSCH (Brief an LEONHARD, LEONHARDS Jahrbuch für Mineralogie, Frankfurt 1828, S. 388 ff.) erklärt die Altersfrage „der Alpinischen Sandsteinbildung durch STUDERS Aufsatz von 1827 wenigstens insoweit für entschieden, dass bei jenen Sandsteinen und Schiefern wenigstens niemand mehr an Grauwacke der Übergangszeit denken kann" (S. 391); ihn erinnern „die schwarzen Mergeln mit Fischen ... von Glarus nur zu lebhaft an die Liasschiefer von Boll in Württemberg" (S. 398, 399) und deshalb will er „die Mergel-, Kalkstein- und Sandsteinschichten der wirklichen Alpen mit Fucoiden, die zusammen nur eine Formation bilden können", zum Lias stellen (S. 399).

1828/29. A. BOUÉ (Brief an LEONHARD, LEONHARDS Jahrbuch für Mineralogie, 1828, Frankfurt, S. 715 ff.) wendet sich scharf gegen diese Anschauung und hält an seinen 1827 veröffentlichten Altersangaben fest; 1829 erklärt er (Brief in LEONHARDS Jahrbuch

[1]) Die Bezeichnung „Flysch" wird hier zum erstenmale in der Litteratur verwendet; STUDER überträgt diese im Simmenthal übliche Lokalbezeichnung für die schieferigen Abänderungen des herrschenden Gesteins auf „die ganze Gebirgsformation, die im allgemeinen als ein schwärzlich-graues Schiefer- und Sandsteingebirge erscheint, aber durch untergeordnete Kalkstöcke und Kalklager, grosse Massen von Kalkbreccie, Lager von schwarzem und lauchgrünem Quarze und Feuerstein u. s. w. einen sehr zusammengesetzten Charakter erhält" (S. 38, 39).

1829, S. 779) mit Bestimmtheit: „Die Kalkalpen lagern auf roten Sandsteinen, Konglomeraten und Schiefern, die wahrscheinlich die Flötzsandsteine Deutschlands ersetzen und den Alpenkalk mit den talkigen und quarzigen Übergangsschiefern verbinden" (S. 779). Den Flysch (Wiener Sandstein, Gurnigelsandstein STUDERS) stellt er über den Alpenkalkstein (S. 780).

1829. Wiederholt kommt STUDER auf seine Anschauung von der Umbildung jüngerer Gesteine zu den bunten Schiefern und Konglomeraten zurück, so in seiner Abhandlung „Über die Gebirgsverhältnisse am südöstlichen Rande der Alpenkette (LEONHARDS Jahrbuch, Frankfurt 1829, S. 730 ff.). Bei der Beschreibung der Gesteine vom Gryffener Berge, „die KEFERSTEIN sehr treffend mit dem Totliegenden vergleicht", fällt ihm noch mehr „die Übereinstimmung mit den talkhaltenden Konglomeraten von Mels und Engi" auf (S. 733). „Ob aber deswegen die Schiefer- und Sandsteine des Gryffener Berges auch, wie die Formation von Glarus, als veränderte Gesteine jüngerer Epoche zu betrachten und ob überhaupt die beiden Bildungen analogen und gleichzeitigen Ursprungs seien" (S. 735), will er nicht mit Bestimmtheit entscheiden.

1830. Den ersten systematischen Versuch, die alpine Formation ihrem Alter nach mit dem ausseralpinen zu parallelisieren, macht KEFERSTEIN (Brief, LEONHARDS Jahrbuch 1830, S. 299 ff.) mit einem gerade für die hier in Rede stehenden Gesteine überraschend günstigen Erfolg. Auf seiner Reise im Jahre 1829 überzeugte er sich, „dass die sogenannte Grauwacke von Mels ($^1/_2$ Stunde von Sargans) sich durch Übergänge mit rotem Sandstein verbindet, der bei Glarus z. B. zu Tage stehet, und ganz dem roten Sandstein in Tirol und Kärnthen gleicht, der viel Ähnlichkeit mit unserem Totliegenden hat; beide Sandsteine, so verschiedenartig sie auch erscheinen, werden nur zu einer Formation gehören, welche die ganze Kette der Alpen und Karpathen durchziehet.

Die berühmten Glarner Fischabdrücke vom Pilatusberge (gemeint ist der Landesplattenberg M.) bei Matt liegen in einem Gesteine, welches zwar oryktognostisch als Thonschiefer zu bestimmen ist; dieses bildet aber das Hangende des erwähnten roten Sandsteines und kann wohl auf keinen Fall der Grauwackenformation oder dem sogenannten Übergangsgebirge beigezählt werden. Es ist vielmehr ein untergeordnetes Glied einer dort sehr verbreiteten Formation von dunkelm Mergelkalk, die identisch sein wird mit dem dunkeln Kalkgebilde, welches in Kärnthen unter dem Namen Schnürelkalk bekannt ist, welches auch in den Savoyischen Alpen ungemein mächtig erscheint und mit dem Lias parallelisiert wurde; in der Schweiz bezeichnet man es gewöhnlich als Hochgebirgskalk und Thonschiefer.

Auf das innigste verbindet sich dieses dunkel gefärbte Kalkgebilde mit dem hellen Alpenkalke und mit dem Flysch-Sandstein und Flysch-Mergel, so, dass alle diese Straten wohl nur einer grossen Formation angehören werden" (S. 300).

Die Beobachtungen auf seinen Reisen veranlassen ihn, „in Europa zwei wesentlich verschiedene Gebirgssysteme anzunehmen, nämlich: das alpinische Gebirgssystem, welches die Karpathen, Alpen und Apenninen mit ihren südlicheren Fortsetzungen umfasst, und das nördlichere Gebirgssystem.

Die bei uns so ausgedehnten Plateaus von Grauwacke finden wir in den südlicheren Gegenden nicht wieder; in einzelnen, bisweilen grossen Massen, tritt Glimmerschiefer hervor, der nur hie und da von Schiefern begleitet wird, die mit unserem Grauwackenschiefer Analogie haben.

Zwischen der Grauwacke und dem Lias erscheinen bei uns eine Reihe sehr bestimmter Formationen: der Bergkalk, Zechstein und Muschelkalk, charakteristisch durch eigentümliche Petrefakten, trennen ebenso viele Sandsteinformationen, die eben durch diese kalkigen Zwischenlager vorzugsweise ihre Formationsbestimmungen erhalten.

In dem alpinischen Gebirgszuge scheinen die eben erwähnten drei Kalkformationen gänzlich zu fehlen; dem Glimmer- oder Thonschiefer folgt ein Sandsteingebilde, welches bisher teils für old red Sandstone, teils für Grauwacke, teils für roten, bunten und Keupersandstein angesprochen ist, und in einzelnen Lokalitäten mit jeder dieser Formationen einige Ähnlichkeit hat; aber vergeblich bemühet man sich, die Grenzen dieser Formationen zu ermitteln, weil eben die Kalkformationen fehlen, die bei uns dazwischen liegen. Ein ununterbrochenes Sandsteingebilde vertritt als ein grosses Ganzes alle jene Formationen; ich bezeichne es jetzo mit dem Namen der Melsformation; der Ausdruck Mels, entlehnt von dem erwähnten Orte in Graubünden, ist kurz, in alle Sprachen zu übertragen und aller Zusammensetzung fähig. In innigster Beziehung zu dieser Formation stehen viele Granite, fast alle roten und schwarzen Porphyre, Basalte, Mandelsteine und vulkanische Gesteine des alpinischen Gebirgszuges, die nur pyrotypisch veränderte Straten der Melsformation sein werden, die zum Teil in sehr neuen Zeiten zu Tage traten, wodurch häufig Lokalerhebungen erfolgten. Insofern es sich bestätigen sollte, dass die Melsformation wirklich die Mutter dieser pyrotypischen Gebilde ist, würde diese ein ganz besonderes Interesse erhalten.

Im Hangenden der Melsformation und auf der Grenze mit ihr durch Wechsellagerung verbunden, erhebt sich nun jenes Gebilde, welches als Hauptmasse des alpinen Gebirgszuges und vorzugsweise der Kalkalpen erscheint, welches sich durch Höhe, Mächtigkeit, Verbreitung, sowie durch einen eigentümlichen inneren Bau auszeichnet und bis jetzo so höchst rätselhaft war, in kein System passend. Zu dem Hauptcharakter dieses Gebildes — welches ich die Flyschformation nennen will — gehört es, dass aus lockeren, eine wellige Gegend bildenden Sandsteinen sich ungeheuere Kalkmauern erheben, die in den Alpen oft so nahe aneinander gruppiert sind, dass der Sandstein ganz verschwindet."

Als Flyschformation bezeichnet er — es ist dies für die Altersbestimmung der Melsformation, die das Liegende des Flysches Kefersteins bildet, wichtig — „das Schichtensystem ... welches als ein Ganzes den Formationen des Lias, Jurakalkes, der Kreide und des unteren Grobkalkes entsprechen wird, ohne dass jede dieser Formationen mit ihren charakteristischen Eigentümlichkeiten vorhanden wäre" (S. 303, 304).

1831. Im Gegensatz zu dieser glücklichen Begrenzung der Melsformation erweiterte sie Keferstein im folgenden Jahre, bei der ausführlichen Darlegung der auf den Reisen im Jahre 1829 und 1830 gewonnenen Resultate und ihrer theoretischen Verarbeitung („Geognostische Bemerkungen über den Bau der Alpen, Apenninen, Karpathen, und einiger Gegenden von Oberschlesien, gesammelt auf Reisen im Sommer 1829 und 1830", erschienen in der Zeitschrift Teutschland, Bd. VII, Heft 1, S. 7 ff., und Heft 2,

S. 125 ff., Weimar 1831 resp. 1832, sowie in seinem Aufsatze: „Kurzer Abriss des geognostischen Systems von Herrn Hofrat Chr. Keferstein“. Leonhards Jahrbuch für Mineralogie 1831, S. 409 ff.) in überraschender Weise. Er betrachtet die Melsformation der Alpen als Vertreter „aller Flötzformationen vom old red sandstone bis zur Kreide“. Vielleicht war es der Wunsch, seinen bisher als Vertreter vom Lias bis zum unteren Grobkalk bezeichneten Flysch in Übereinstimmung mit dem Wiener Sandstein A. Boués und den von Sedwick und Murchison beschriebenen und „zwischen Kreide und Grobkalk gestellten Schichtensystem aus Sandstein, Konglomerat, Schiefer und Mergel mit Versteinerungen wie zu Gosau“ zu bringen. Offenbar hat er zu diesem Zwecke die tieferen Glieder seiner Flyschformation von 1830 zur Melsformation gezogen, wie einerseits die Angabe: „Die neptunischen Straten der Melsformation: Roter psephitartiger Sandstein herrscht (Tirol, Schweiz bei Mels u. s. w.) leer an Petrefakten, wechselt nach oben mit Kalk, geht in Flysch über“ (S. 410),[1] andererseits die Parallelisierung der Flyschformation mit der Gaultformation (Quadersandstein, Plänerkalk Deutschlands) und der Kreideformation zeigt. Da er nun in dem Flysch der östlichen Alpen Versteinerungen der Kreide und des Grobkalks konstatierte, andererseits fand, dass „der Flyschsandstein den dunklen liasähnlichen Kalk von Savoyen unterteuft“ (Teutschland, VII, 1, S. 115), so schloss er, dass die Kalkalpen nicht als Lias, sondern als eine jüngere Formation zu betrachten seien, vereinigte sämtliche Kalkformationen der Alpen mit seinem Flysch und betrachtete sie als Vertreter des Greensandes, der Kreide und des unteren Pariser Grobkalkes. Die gewaltige, dadurch entstandene Lücke in der Schichtfolge füllte er mit seiner Melsformation und seiner Molasse aus, welch letztere er zum grössten Teile als Landbildung betrachtet und zwischen Jura und Kreideperiode stellt (Teutschland, VII, 1, S. 95—99, 122, 123). Mehr entspricht den Thatsachen, soweit wenigstens die roten Sandsteine und Schiefer in Frage kommen, der 1832 gegebene „Rückblick über die Eigentümlichkeiten und geologischen Verhältnisse des alpinischen Gebirgssystems im allgemeinen“ (Teutschland, VII, 2,

[1]) Vergl. Teutschland, VII, 2, S. 213: „ein roter Sandstein — die Melsformation, der nach oben kalkige Straten führt, die zuweilen wohl eine gewisse Ähnlichkeit mit Muschelkalk erhalten“.

S. 207 ff.). Hier gilt die Melsformation als alpines Äquivalent der ausseralpinen „zweiten Formationssuite, der thüringischen Flötzreihe, bestehend aus den Formationen des roten Sandsteines (Psephitformationen) des Zechsteins, des bunten Sandsteins, des Muschelkalks und Keupers" (S. 209, 210). Juragebilde gelten im Süden Europas als nicht entwickelt oder unter sehr verwischten Verhältnissen auftretend; die Molasse lässt er in der Bedeutung von 1831 ganz fallen und zieht demgemäss alle alpinen Kalkbildungen zum Flysch als Äquivalent des Greensandes und der Kreide (S. 207—214). Soweit Juragebilde nach KEFERSTEINS Ansicht vorhanden sind, werden sie der Melsformation angereiht (S. 213); offenbar versteht er darunter Röthidolomit, den er bei der Beschreibung der Gesteine von Mels und ihrer Lagerung (VII, 1, S. 32—42) als dolomitischen Kalk im Hangenden des „Mels" bezeichnet; 1831 fasste er ihn allerdings l. c. als unteren Flysch auf.

In diesen Werken KEFERSTEINS gelangt die vulkanistische Theorie zur vollen Herrschaft; STUDERS Ansicht von der Umwandlung normaler Sedimente zu den bunten Glarner Gesteinen wird aufgenommen resp. noch erweitert. So beschreibt KEFERSTEIN neben den bereits erwähnten „neptunischen Straten" „ein plutonisches Stratensystem" in der Melsformation: „seltener sind Umbildungen im Glimmerschiefer, häufiger in rotem und schwarzen Porphyr, Mandelstein u. s. w. . . ., die sich zu Ende der Flyschformation erhoben haben werden" (S. 410). An anderen Stellen spricht er seine Anschauung, dass die Eruptivgesteine veränderte eruptiv gewordene Sedimente sind, noch deutlicher aus. So erklärt er in dem „plutonisch krystallinischen Stratensystem des Flysch: Als plutonische Bildungen erscheinen teils Serpentin, Porphyr, Trachyt, vorzugsweise aber (in den westlichen Alpen am Gotthard, Montblanc u. s. w.) Glimmerschiefer und granitartiges Gestein, die in so innigem Verbande mit den Flyschstraten vorkommen, dass sie aus diesen selbst entstanden sein werden, indem die chemischen Bestandteile eine andere krystallinischere Form annehmen und erst nach der Flyschformation zu Tage traten; aber durch diese Erhebung bildete sich in der Diluvialzeit die Gotthard- und Montblanc-Kette" (S. 414), ja, am Schlusse seiner Arbeit spricht er die Entstehung der Eruptivgebilde durch Umbildung der Sedimente als ein allgemein giltiges Gesetz aus: „Die Sandsteine und Mergelstraten vieler neptunischen Formationen wurden und werden durch die inneren Thätigkeiten der Erde in manchfaltige krystallinische Massen — plutonische und vulkanische Gesteine — umgebildet, die sich in verschiedenen Epochen erhoben. Aus den Verhältnissen eines jeden einzelnen Gebirges ist zu ermitteln, aus welcher Formation die plutonisch-vulkanischen Massen gebildet sind, und in welcher Epoche sie sich erhoben haben."

Im einzelnen führt er diese Anschauungen in Teutschland VII, 1 und 2 aus; er erklärt (VII, 1, 91 ff.), dass der rote Porphyr nicht, wie von Buch und Boué annehmen, das Material zu den roten Sandsteinen geliefert hätte, sondern umgekehrt der rote Porphyr durch Umbildung aus dem Sandstein entstanden sei; die Umbildung glaubt er in sehr späte Zeit versetzen zu müssen und kann in den Porphyren daher nicht die Ursache zur Erhebung der Alpen sehen (VII, 1. S. 95); auffallenderweise kennt er Porphyrgeschiebe weder in der Mels- noch in der Flyschformation (VII, 1, S. 94). Wichtig ist Kefersteins Angabe, dass die zu den plutonisch-vulkanischen Gebilden gezählten „Melsglimmerschiefer", die aus thonschieferähnlichen und konglomeratischen Straten der Melsformation gebildet werden, von den „pyrotypischen Gesteinen der Killasformation" (das Liegende der Melsformation, also die von ihm für paläozoisch erklärten krystallinen Gesteine der Alpen) nicht scharf unterschieden werden können und somit die Melsformation von ihrem Liegenden nicht scharf getrennt ist (VII, 2, S. 241, 242). Die eigentümliche Anschauung, dass eine Reihe der „Alpengranite" junger, umgewandelter Flysch ist, führt er VII, 2, S. 242—249 ausführlich aus.

1833. Mitteilungen über das Glarner und Graubündener Gebiet finden sich in der nächsten Zeit weniger in besonderen Abhandlungen, sondern hauptsächlich in kurzen brieflichen Mitteilungen und gelegentlichen Bemerkungen bei der Beschreibung anderer Gesteine. In einem Briefe von 1833 sieht Studer (Leonhards Neues Jahrbuch für Mineralogie, Stuttgart 1833, S. 402) in der Agassizschen Bestimmung der Glarner Fische als tertiär oder höchstens kretaceisch eine Bestätigung seiner Anschauung von dem geringen Alter der Glarner Gesteine (vergl. hierüber: Agassiz, Über das Alter der Glarner Schieferformation nach ihren

Fischresten, LEONHARDS Jahrbuch 1834, S. 301 ff.), in einem Briefe von demselben Jahre (LEONHARDS Jahrbuch 1834, S. 41) vergleicht er das „Konglomerat an der Basis des St. Salvador bei Lugano... das westliche Ende einer im Bergamaskischen ungeheuer mächtigen Bildung", mit den übereinstimmenden Gesteinen von Mels und von Valorsine; die gleichen Gebilde, „die bunten Valorsiner Konglomerate" trifft er mit Talkschiefer in dem Vorder-Rheinthal zwischen Reichenau und Dissentis (Oberalpstrasse).

1834. In der „Geologie der westlichen Schweizer Alpen, ein Versuch" (Heidelberg und Leipzig 1834) geht STUDER in seinen vulkanistischen Anschauungen einen Schritt weiter; die Konglomerate von Glarus und Graubünden, die ihm bisher als normale, durch vulkanische Einflüsse veränderte Sedimente galten, bezeichnet er jetzt als Produkte vulkanischer Thätigkeit. Bei der Beschreibung der Gebirgsmasse des Wildhorns, im Knie der Rhone bei Martigny, gelangt er bei der Untersuchung der zu Martigny und St. Maurice zwischen zwei Gneisszügen („Feldspatgesteinen") gelegenen Formation zur Aufstellung seiner Gruppe der „Zwischenbildungen", die alle Gesteine zwischen den Feldspatgesteinen und den Kalkgebilden, deren älteste für liasisch galten, umfasst, im wesentlichen also sich mit der Melsgruppe KEFERSTEINS deckt (S. 160—173, 180—197, 202—230 passim). Unter diesen „Zwischenbildungen" tritt ein rotes Konglomerat auf, „identisch mit den berühmten Puddingen von Valorsine" mit talkschieferähnlichen Abänderungen, roten und grünen Thonschiefern, Sandsteinen unregelmässig wechselnd. „Es ist dieses Konglomerat nach seinem petrographischen Charakter nicht verschieden von demjenigen des Murgthales und von Mels in der östlichen Schweiz, und . . . verbindet sich wie dieses mit dolomitischen Rauchwacken" (S. 165). Obwohl STUDER „die Zwischenbildungen, die an der unteren Grenze des alpinischen Kalkgebirges vorkommen, nicht als vereinzelte Lokalbildungen, sondern als ein allgemein verbreitetes, regelmässiges Glied der alpinischen Formationsreihe betrachtet" (S. 206) und auch sie nicht mit den englischen Forschern als Äquivalent des Red Marle (Bunter Sandstein) auffassen will, sondern sie als „Gemenge von Hebungs- und Sedimentprodukten" erklärt, „an deren Bildung die beim Kontakt der Feldspat- und Kalkgebirge wirkenden Kräfte ebenso grossen Anteil genommen haben, als die Schwerkraft allein" (S. 207), so zweifelt er doch an der Vereinigung der „merkwürdigen Bildung von Mels und Schwanden mit dieser Formation" (S. 206). Trotz der „Analogien in den Steinarten", trotz der Bedeckung mit einem strohgelben dolomitischen Kalk- und Quarzfels ... „bildet die Gesteinsgruppe nicht, wie die Zwischengesteine, eine regelmässige Einlagerung zwischen dem Kalk- und dem Feldspatgebirge. Nirgends geht unter dem roten Konglomerat Gneiss zu Tage und die Geschiebe desselben lassen eher auf roten Porphyr schliessen; am Kärpfstock und vielleicht auch anderwärts, entwickelt sich aus diesen Gesteinen ein violetter Mandelstein.... Es scheint diese Bildung die Öffnung einer Spalte zu bedecken, die in südnördlicher Richtung, von der Centralkette abspringend, sich tief ins Kalkgebirge eingeschnitten hat" (S. 206, 207). Indirekt stehen diese Anschauungen Studers gewiss unter dem Einflusse der von L. von Buch (Geognostisches Gemälde von Süd-Tirol, Annales de Chimie XXIII, 276, deutsch in Leonhards Mineralogischem Taschenbuch für das Jahr 1824, herausgegeben von K. C. v. Leonhard, Frankfurt a. M., S. 288 ff.) entwickelten Theorie, dass der rote Sandstein (rotes Totliegendes der Thüringer Mineralogen), welcher stets die Porphyre begleitet, ein Erzeugnis dieser Porphyre selbst sei" (S. 312) und dass diese Sandsteine „aus Materien bestehen, welche dem Innern der Erde entstiegen" (S. 314).

1834/35. In demselben Jahre entdeckt Arnold Escher von der Linth, wie er in einem Privatbriefe an Studer mitteilt (Studer, briefliche Mitteilungen, Leonhards Jahrbuch für Mineralogie, Stuttgart 1835, S. 58 ff.), „auf der Höhe, die beide Thäler von Glarus scheidet" (den Glarner Freibergen), auf der schon Studer und Merian vereinzelte Felsen von „Diorit-Mandelstein" gefunden hatten, „einen ausgedehnten Felsenstock von schwarzem Porphyr, demjenigen des Luganer Sees ähnlich" und überzeugt sich, „dass die Schiefer aus den unscheinbarsten Mergelschiefern nach und nach in der Höhe in die glänzendsten bunten Thonschiefer, Chloritschiefer und weissen Talkschiefer übergehen" (S. 58, 59).

1836. Seiner Überzeugung von dem cretaceischen Alter der „bunten Schiefer" von Glarus verleiht Studer den schärfsten Ausdruck in seinem Aufsatz: „Über das geologische Alter der Kalkalpen von Uri" (L. J. 1836, S. 328 ff.). Hier stellt er den Verrucano von Glarus geradezu in einen Gegensatz zu seinen Zwischenbildungen: „die Übergänge der Nummulitengesteine (in der östlichen Schweiz) in glänzenden Thon-, Talk- und Glimmerschiefer, der Sandsteine in Quarzit ... bringen diese Kreidemassen den Feldspat-Gebirgen so nahe, dass man in Verlegenheit ist, wo man noch zwischen ihnen nach älteren Formationen suchen solle" (S. 330, 331).

Vollkommen zur Herrschaft gelangt die vulkanistische Auffassung in Verbindung mit der Hebungstheorie in den Anmerkungen, mit denen ARNOLD ESCHER von der Linth die „Beiträge zur Gebirgskunde der Schweiz" von H. ESCHER (s. o. S., 14, 15), (Zeitschrift für theoretische Erdkunde, herausgegeben von FRÖBEL und HEER, I. Band, Zürich 1836, S. 577 ff.) begleitet. Die Veränderung der Sedimente in die glänzenden bunten Schiefer schreibt er dem Melaphyr zu, dessen weite Verbreitung zwischen dem Sernft- und Niederenthal er nachgewiesen hat (S. 579) und macht gleichzeitig darauf aufmerksam, dass die Kalkgebirge der Kuhfirsten, des Balfries, Gunzen, Falknis und des Calanda das Gebiet der roten Konglomerate südlich vom Wallensee halbkreisförmig umschliessen und sämtlich ihre Schichtenköpfe gegen diese Gegend erheben (S. 578). Innerhalb dieses Gebirgskranzes, auf den schon C. ESCHER aufmerksam gemacht hatte, beobachtet er „noch einen zweiten konzentrischen, oft unterbrochenen Wall von Kalkbergen", der „an seinen beiden Enden bedeutend über den ersteren sich hinaus erstreckt" ... und „die bunten Schiefer und Konglomerate des Sernft- und Murgthales umgiebt" (S. 578, 579). Er „kann sich des Gedankens nicht erwehren, dass die nämliche vulkanische Thätigkeit, welche die Porphyre[1]) an die Oberfläche gehoben und die ... Umwandlungen ... hervorgebracht hat, es auch war, welche die oben angeführten konzentrischen Wälle von Gebirgen emporgehoben und in denselben einen der grossartigsten Erhebungskrater dargestellt hat" (S. 580). Demgemäss betrachtet er auch das Linththal als „einen wahren, bis ins Innerste des Erhebungskraters eindringenden Barranco" (S. 580).

Von Einzelheiten ist die Entdeckung „der roten Sandsteine und Quarzite, der Sernfter Konglomerate am Ostfusse des Glär-

[1]) Porphyr wird hier von ESCHER allgemein für Eruptivgesteine gebraucht.

nisch, unter der Guppenalp und am Kirchlihügel, etwas östlich vom Oberblegisee", also links der Linth, die bisher als Grenze für diese Gebilde galt, wichtig, sowie eine treffliche Beschreibung des verwirrenden Wechsels und der zahllosen Übergänge zwischen „roten Konglomeraten, Quarz- und Porphyrbreccien, prachtvollen weissen Talkschiefern, grünlichen Chloritschiefern, schwarzen, glänzenden, sehr glatten Thonschiefern und vielfachen Porphyrschiefern" nicht nur in vertikaler, sondern auch in horizontaler Richtung (S. 579, 580), wie er auf den Höhen der Freiberge allenthalben zu beobachten ist. Sehr wichtig ist ferner die hier wieder aufgenommene und erweiterte Ansicht STUDERS, die gneissähnlichen Talkschiefer des Vorderrheinthals gehörten nicht dem Urgebirge an, sondern seien gleichfalls jüngere, vielleicht durch den Granit des Gotthard veränderte Gesteine (S. 583—586). Sind auch die hier von ESCHER angeführten Gründe von ihm selbst später verlassen worden, so hat er doch durch diese Arbeit sich das bleibende Verdienst erworben, neben der Ähnlichkeit gewisser Gesteine von Glarus mit denen des Vorderrheinthals auch die Möglichkeit gleicher Entstehung für beide ausgesprochen zu haben. Er vergleicht den Streifen der bunten Schiefer im Süden der Grenzgebirge zwischen Glarus und Graubünden direkt mit den Schiefern vom Panixer Pass, wo mit diesen weissen und grünlichen Talkschiefern des Rheinthals „braune Porphyrschiefer und rote Konglomerate, ähnlich denjenigen des Kärpfstockes" auftreten und stellt sich somit in direkten bewussten Gegensatz zu L. VON BUCHS Auffassung dieser Gesteine (S. 584). Hervorgehoben sei schliesslich noch die Entdeckung einer „wohl eine Viertelstunde breiten Masse von teils glänzenden, teils matten glattblätterigen Thonschiefern, welche mit einer Menge von 2 bis 6 Zoll starken Anthracitlagen und mit Granitstücke führendem Konglomerate wechselt" am Bifertengrat im Tödigebiet. Sie erweckt Eindruck, „dass diese zwischen sogenannte Urgebirgsarten eingekeilte Masse ein beinahe unversehrter Überrest derjenigen Sedimentgesteine sei, aus welchen der grösste Teil der krystallinisch-schiefrigen Gebirgsarten der Tödikette entstanden sein mag" (S. 585) und es wird für sie ein höheres Alter als Lias (älter als LUSSERS Niederschläge erster Art) als möglich angenommen (S. 586).

1838. Der STUDERschen Anschauung über die Entstehung und das Alter der bunten Glarner Gesteine schliesst sich 1838 ÉLIE DE BEAUMONT an (vergl. den von STUDER mitgeteilten Auszug aus BEAUMONTS Brief L. J. 1840, S. 352).

1839. Ein Werk von ESCHER und STUDER: „Geologische Beschreibung von Mittelbünden" (Denkschriften der allgemeinen Schweizer Gesellschaft 1839, Neuchâtel) ist erwähnenswert, weil hier zum erstenmale die petrographische Dreiteilung der Verrucanogesteine durchgeführt ist, die sich später allgemein in der Litteratur findet. „In dem Gesteine von Filisur, das in die Nähe des Bergüner Steines die Grundlage der Kalk- und Dolomitmassen bildet", dem roten und grünen Konglomerat, das auch in den Gebirgen von Davos mit Quarzporphyr verbunden, sehr mächtig ist, werden unterschieden

1. Konglomerate,
2. Kirschrote Sandsteine,
3. Blassgrüne Gesteine mit Quarz und Feldspat in einer graulich-grünen talk- oder specksteinartigen Grundmasse, mit Übergängen in Sandsteine (S. 151). Diese Varietät ist dem „Saluver Gestein" überaus ähnlich.

Das Saluver Gestein wird typisch von der Lämmeralp in der Gruppe der Cima di Flix (Westseite) erwähnt und als ein aus Quarz und Feldspat in graulichgrüner schiefriger Grundmasse bestehendes Gestein beschrieben. Manchmal wird es konglomeratähnlich, dann auch rot, und ist in diesem Falle von den roten Sandsteinen von Davos und den Konglomeraten von Mels nicht zu unterscheiden (S. 137, 138). Während auf der ESCHER-STUDERschen Karte das Saluver Gestein als „Grüner Schiefer" erscheint, hat es THEOBALD (s. u.) zum Verrucano gezogen.

1840/41. Seine Auffassung von der Entstehung schiefriger und massiger Gesteine aus Sedimenten erweitert STUDER noch wesentlich in seinem Briefe „Über die Entstehung des Granits und verwandter Gesteine" (L. J. 1840, S. 346 ff.) und findet „seine in den Alpen geholten Ansichten über den Ursprung der massigen und krystallinischen Gesteine bestätigt" durch seine Reisen in Ober-Italien, Unter-Italien und Frankreich (L. J. 1841, S. 231 ff.).

1842. Sehr charakteristisch für die Vorstellung von der Umwandlung der ursprünglichen Natur der Verrucanogesteine in der Glarner Doppelfalte ist eine kurze Stelle in einem Briefe ESCHERS (L. J. 1842, S. 276 ff.). „Der grünlich-talkige Quarzschiefer des Vorderrheinthals ... geht über in die bunten Schiefer, talkigen Quarzitschiefer und roten Konglomerate, die sich zum Teil als dünne Decke der tieferen Gesteine über die höchsten Kämme des Glarner Lands weg bis an den Walensee und gegen das Sarganser Thal nach Mels hinabziehen. Mitten im Gebiet dieser Schiefer . . . und in grosser Entfernung von massigen Gesteinen finden sich im talkigen Quarzit auch einzelne deutliche Feldspatkörner ein; die Schieferung im kleinen verliert sich und das Gestein verdient wirklich den Namen von talkigem Gneissgranit" (S. 280). Ein auf Tafel VI beigegebenes Profil zeigt auf dem Nordabhange nach dem Walensee „rote Konglomerate" als eine zusammenhängende, nur in dem Gipfelgebiete durch Erosion teilweise zerstörte dünne Decke den „Kreide- und Oolithbildungen", die die Hauptmasse des Gebirges bilden, aufgelagert.

1844. 1845. Zu neuen Gesichtspunkten, die in ihrer weiteren Entwickelung den Grund zu einer die dritte Periode in der Auffassung der Verrucanogesteine charakterisierenden Anschauung legen, führt eine von ESCHER und STUDER im Jahre 1843 gemeinsam unternommene Reise, über deren Ergebnisse in den Schweizer und Bergamasker Alpen STUDER (L. J. 1844, S. 449 ff.) in den Tyroler und Bayerischen Alpen ESCHER (L. J., 1845, S. 536 ff.) berichtet. STUDER stellt zunächst „eine rätselhafte Verbindung zwischen den centralen Gneissmassen und den Konglomeraten mit Talk- oder Glimmercäment" fest. „Quarz-Sandsteine und Quarzite von roter, grüner oder weisser Farbe, nicht selten in Konglomerat übergehend und meist mit Talk gemengt, erscheinen ... in der Reihe der Zwischenbildungen, die am Nordabfall der im Streichen der Alpen stark verlängerten Gneissmassen diese vom anstossenden Kalkgebirge trennen." Er konstatiert „die Übereinstimmung dieser Quarzite mit den Konglomeraten, die, wie in Glarus und im Unterwallis, für sich ganze Gebirgsmassen bilden" und bringt auch diese grossen Konglomeratstöcke in eine Abhängigkeit von den Centralmassen: „Wir finden sie nämlich stets da, wo die Gneissmassen sich auskeilen, in der Verlängerung ihres Streichens". Zahlreiche Beispiele sollen diese Anschauung erläutern: „So tritt am Westende der Gneissmasse der Aiguilles Rouges der Quarzit von Gervais auf, am Ostende das Konglomerat von Valorsine und Foully; am Westende der Finsteraarhorn-Masse der Quarzit von Vissoye in Anniviers, am Ostende das Konglomerat von Glarus, am Ostende der Gotthardmasse der talkige Quarzit von Ilanz und Vättis . . ."

„Welches nun auch der Ursprung dieser Quarzite und Konglomerate sein mag, so kann derselbe offenbar nicht von demjenigen des Gneisses getrennt werden; beide dem ersten Anscheine nach so verschiedenartige Gesteine müssen Produkte desselben Processes sein und es ist ja auch bekanntlich in Valorsine, wo das Konglomerat und der Gneiss unmittelbar an einander grenzen, weder SAUSSURE noch NECKER gelungen, eine deutliche Trennung beider Gesteine aufzufinden" (l. c. S. 449, 450).

Es bezeichnen diese Ausführungen einen Umschwung in STUDERS Anschauungen. Zunächst wird die Ausnahmestellung der Glarner Gesteine, die noch in der Geologie der westlichen Schweizer Alpen ausdrücklich festgehalten ist, aufgegeben und die Glarner Gesteine mit den ältesten „Zwischenbildungen" vereinigt, zu denen sie thatsächlich gehören; sodann verlässt STUDER bei der Feststelluug des Zusammenhanges zwischen den Konglomeraten und dem Gneiss die extrem vulkanistische Theorie. Die oben citierte Stelle wäre für sich allein unverständlich, wenn nicht STUDER in zwei anderen Publikationen desselben Jahres ausdrücklich die Erklärung der Metamorphose in den Alpen durch Kontaktwirkung feuerflüssiger Gesteine aufgegeben hätte. In einem Briefe vom 31. Dezember 1843 (L. J. 1844, S. 185 ff.) sagt er: „der Metamorphismus in den Alpen hat das Eigentümliche, dass man selten, oder wohl eher niemals, eine Steinart sieht, die man, nach den gangbaren Umwandlungstheorien, als das Agens oder den Herd des metamorphischen Processes betrachten könnte" (S. 185); in einem Aufsatz „über die südlichen Alpen" (Mitteilungen der naturforschenden Gesellschaft in Bern 1844, No. 13) spricht er die Behauptung aus, man werde sich genötigt sehen, die „Umwandlung als einen für sich bestehenden Prozess, unabhängig von jeder massigen Steinart, der man sie zuschreiben könne, gelten zu lassen."

Über die Ergebnisse der gemeinsamen Reise von 1844 berichtet, soweit Tyrol und Bayern durchforscht wurde, A. Escher von der Linth (Beiträge zur Kenntnis der Tyroler und Bayerischen Alpen, L. J. 1845, S. 536 ff.). Das hier erwähnte Auftreten der „Rauchwacke", des roten quarzigen, in Konglomerat übergehenden Sandsteines und des bunten grünlich und rot gefärbten „Talkquarzit" zwischen den Kalk- und krystallinen Massen im Stanzer- und Klosterthal, die „den unteren Massen von Studers Zwischenbildungen, sowie den Sernft- und Valorsine-Konglomeraten in allen Beziehungen gleichen", gab wohl Veranlassung, die diesem Gebiete zunächst liegenden analogen Gesteine, die Sernftkonglomerate, als normale Gesteine zu den Zwischenbildungen zu stellen. Gleichzeitig wurden durch diese Reise auch die östlichen roten Sandsteine und Konglomerate, die, wie die Schweizer Gesteine in der ersten Zeit zur Grauwacke gerechnet oder als „Übergangssandstein" bezeichnet wurden (vergl. Uttinger Übergangsformation im Tyrolischen Unterinnthal, Min. Taschenbuch 1819, S. 156—158, bes. 158, 172—176) in die ihnen zukommende höhere Stelle im System gerückt.

1846. Escher beschäftigte sich in den folgenden Jahren weiter mit der Geologie von Vorarlberg und berichtete darüber 1846 in einem grösseren Aufsatz: „Geognostische Beobachtungen über einige Gegenden des Vorarlbergs," (L. J. 1846, S. 421 ff.). Er findet in weiter Verbreitung „als Teil der Konglomeratbildung, welche in den Alpen an so vielen Stellen an der Grenze zwischen den deutlich neptunischen und den krystallinischen Gesteinen auftritt, rotes Konglomerat", das durch Einschluss von braunen Porphyrbruchstücken, und durch Übergänge aus dem roten Konglomerat in Mandelstein" . . . vollkommen an die Glarner Gesteine erinnert (S. 432, 433).

„Im Rellsthal kommen . . . in der Nähe der roten Konglomerate auch schiefrige krystallinische Gesteine vor, die aus einem innigen Gemenge von Quarz und talkartiger Substanz bestehen, grünlich und rötlich gefärbt sind und in denen nicht selten Feldspatkörner ausgeschieden sind; sie stimmen völlig überein mit den krystallinischen Abänderungen der Sernf-Konglomerate und mit den krystallinischen Schiefern des Vorderrheinthals und vermitteln wohl hier wie dort den Übergang aus den Konglomeraten in die krystallinischen Feldspatgesteine auf ähnliche Weise, wie in der Gegend von Valorsine und Trient analoge Gesteine den Gneiss mit den Anthracitschiefern verbinden" (S. 433). Im Gegensatz zu den Arbeiten des geognostisch-montanistischen Vereins für Tyrol und Vorarlberg, die dieses Gestein als Grauwacke bezeichnen, sagt ESCHER: „Die Übereinstimmung seiner Lagerungs- und petrographischen Verhältnisse mit den Sernf- und Valorsine-Konglomeraten macht es sehr wahrscheinlich, dass diese drei sämtlich gleichzeitiger und gleichartiger Entstehung sind. Die Valorsine-Konglomerate aber können wohl von den Farnenabdrücke enthaltenden Anthracitschiefern von Col de Balme und Derbignon[1] nicht getrennt werden, so dass man ihre ursprünglich gewiss neptunische Ablagerung in die Lias- oder Kohlenperiode setzen muss, je nachdem man die Farnenschiefer der ersten oder der letzten zuzählt. Damit soll indess nicht behauptet werden, dass der Bildungsprozess des Alpengebirges nicht in viel späteren Zeiten noch sehr wesentliche Umgestaltungen in ihnen hervorgerufen habe; in Glarus und Graubünden z.B. scheinen solche jedenfalls noch nach der Ablagerung des Flysches erfolgt zu sein" (S. 433, 434). Eine gleichfalls für die Altersbestimmung der Verrucanogesteine sehr wichtige Lokalität wird hier zum erstenmale in der Litteratur erwähnt; es ist dies das Auftreten der Konglomerate im Heuspiel ob Triesen unweit Vadutz in Liechtenstein, nördlich von der Konglomeratzone des Vorarlberg und „in der östlichen Fortsetzung der Konglomerate des Sernf- und Flumsthals . . ., welche sich als einen nordostwärts vorgeschobenen Ausläufer der Finsteraarhornmasse darstellen", gelegen (S. 434, 435). Das eine wichtige Ergebnis dieser Arbeit, die Beziehungen der Vorarlberger Konglomerate zu den Glarner Gesteinen und die dadurch bedingte Auffassung der letzteren als ältere Gesteine ist von ESCHER schon in seinem vorangegangenen Aufsatz angedeutet; durchaus neu und von einschneidender Bedeutung ist hier der Versuch, die Beziehungen der Konglomerate und „Talkquarzite" der westlichen Alpen zu den Anthracitschiefern mit Pflanzen zur Altersbestimmung der gesamten Verrucano-

[1] Offenbar durch einen Druckfehler an Stelle von Erbignon, vergl. STUDER, Geologie der Schweiz 1851, Bd. I, S. 364, sowie GAUDRY, Resumé des travaux, qui ont été entrepris sur les terrains anthracifères des Alpes de la France et de la Savoie (Bull Soc. géol. franç. série 2 Tome XII, S. 651).

gesteine zu verwerten. Es ist hier nicht der Ort, ausführlich auf die Litteratur über die Konglomerate, Sandsteine und Anthracitschiefer der westlichen Alpen einzugehen, besonders da eine sehr sorgfältige Zusammenstellung der Werke über diese Gegenden von Gaudry für die Zeit von 1782—1855 angefertigt ist: „Résumé des travaux, qui ont été entrepris sur les terrains anthracifères des Alpes de la France et de la Savoie" (Bull. de la Société Géologique de France, Série 2, Tome XII, 1855, S. 580—670); es sollen nur kurz die Wandlungen in der Auffassung dieser Gesteine wegen der Analogien mit der Betrachtung der östlichen Gesteine in ihren Hauptzügen geschildert werden.

Wie die östlichen Gesteine, wurden auch die hierher gehörigen **Konglomerate und Schiefer des Mont Blancgebietes** in der ersten Periode zum Urgebirge gestellt; für einen Teil allerdings giebt schon Saussure (Voyages s. o. S. 4,5) die Möglichkeit eines sekundären Alters, d. h. Zugehörigkeit zu den Flötzformationen, zu. Mit grösserer Bestimmtheit und gerade für die Anthracitschiefer und den Poudingue beansprucht Héricart de Thury (Mémoire sur l'anthracite, prairial an XI [1803] Journal des Mines, No. 14) ‚secundäres" Alter. Brochant de Villiers (Observations géologiques sur les terrains de transition, qui se rencontrent dans la Tarentaise et autres parties de la chaîne des Alpes, Journal des Mines, No. 137, vol. XXIII, 1808, S. 321 ff., auch „frei bearbeitet" von C. Leonhard im Jahrgang 11 des Taschenbuchs für die gesamte Mineralogie, 1817, S. 59 ff.) führt in die alpine Geologie den Wernerschen Begriff des „Übergangsgebirges" ein und betrachtet die Konglomerate und Anthracitschiefer der Tarentaise und der benachbarten Gegenden als typische Vertreter des Übergangsgebirges in den Alpen. Buckland (Notice of a paper laid before the Geological Society on the structure of the Alps and adjoining parts of the continent and their relation to the secondary and transition rocks of England, Annales of philosophy 2te Serie, Band I, 1821, S. 450, vergl. auch oben) lässt auffallenderweise die Gesteine der Tarentaise als Übergangsgesteine bestehen, obwohl er für einen grossen Teil der bisher für Übergangsgebirge gehaltenen Gesteine jüngeres Alter vom Zechstein (magnesian limestone) bis zur Kreide beansprucht. Bakewel (Travels comprising observations made during a residence in the

Tarentaise and various parts of the Graecian and Pennine Alps and in Swizerland and Auvergne 1820/21/22) gebührt das Verdienst, zuerst die Anthracitschiefer als Kohlenformation angesprochen und den Kalken der Tarentaise eine höhere Stellung in der Reihe der sekundären Gesteine angewiesen zu haben; er erklärt in seinem Werke die Anthracitgesteine der Tarentaise für Äquivalente des englischen Carbon (Band I, S. 290) und stellt die Konglomerate von Chamounix in den gleichen Horizont (II, S. 26).

Im Jahre 1828 entdeckte E. de Beaumont die „Anomalie von Petit Coeur" (Notice sur un gisement de végétaux et de Bélemnites, situé à Petit Coeur, près Moutiers, en Tarentaise, Annales des sciences naturelles, vol. XIV, S. 113 ff.), eine Wechsellagerung von Anthracitschiefern mit Kohlenpflanzen und Kalken mit Liasbelemniten. Die gewaltige Litteratur über dieses Gebiet, die sich teils mit den Thatsachen, theils mit ihrer Deutung beschäftigt, lässt sich in zwei Teile zerlegen. Ein Teil der Forscher erkennt in dem Vorkommen von Pflanzen und Belemniten keinen Beweis für ein verschiedenes Alter der Schichten, sondern fasst den ganzen Komplex als Bildungen einer und derselben geologischen Periode auf. Die meisten von ihnen unter Führung von E. de Beaumont, A. Brongniart, Murchison und Sismonda erklären die Gesteine für liasisch, der Rest, hauptsächlich vertreten durch Scipion Gras für karbonisch. Übrigens hält auch Studer eine Zeit lang den ganzen Komplex mit E. de Beaumont für liasisch (vergl. z. B. Brief von 1840, L. J. 1841, S. 236, 237). Ein anderer Teil der Forscher hielt an der Trennung der Schichten mit Pflanzen und der Kalke mit Belemniten fest: einige liessen sich auf eine Erklärung der Anomalie nicht ein, wie Gueymard, der erste, der es wagte, E. de Beaumont entgegenzutreten (1830), und Lyell, andere aber kamen auf Grund der Wechsellagerung zweier verschieden alter Gesteine zu der Überzeugung, dass eine nachträgliche Lagerungsstörung stattgefunden habe. Der erste von ihnen war Voltz, der 1830 in einem Briefe an Gueymard (veröffentlicht 1844 in der Statistique minéralogique, géologique métallurgique et minéralurgique du département de l'Isère), die Wechsellagerung des älteren und des jüngeren Gesteins für scheinbar, durch „un redressement regulier sur une grande étendure en longueur et en largeur" erklärte. Favre erklärt 1841 diese

Lagerung durch Faltung entstanden, und ähnliche Anschauungen, die sämtlich auf eine Deutung durch Dislokationen herauskommen, finden sich später bei AGASSIZ, L. v. BUCH, STUDER (L. J., 1846, S. 202, 203, 1850, S. 824 ff. [s. u.] und an anderen Orten), A. ESCHER, O. HEER (L. J., 1850, S. 657 ff.) und anderen mehr. Je nach dem Alter, das den Anthracitschiefern zugeschrieben wurde, wurde von den verschiedenen Autoren auch die Konglomerate des Verrucano, die stets mit ihnen zusammen genannt werden, im geologischen System verschieden untergebracht.

Im Jahre 1846 ging ESCHER auf die Frage nach dem Alter der Kohlenschiefer nicht näher ein; für die Beurteilung des Vorarlberger und Glarner Verrucano genügte ihm die damals schon allseitig anerkannte Thatsache, dass die Kohlenschiefer nicht jünger als Lias sind, um ebenso wie den mit den Anthracitschiefern verbundenen Konglomeraten und Sandsteinen auch den ihnen analogen Gebilden der östlichen Schweiz ihre Stellung an der Basis der STUDERschen Zwischenbildungen anzuweisen.

Diese Untersuchungen ESCHERS und STUDERS bilden den Beginn der dritten Periode in der Auffassung der Glarner Konglomerate und Schiefer: ihre Lagerung über den Flyschschiefern gilt nicht mehr als Beweis für ein sehr jugendliches Alter dieser Gesteine, Karbon und Lias bezeichnen die Grenzen, in denen ihr Alter noch schwankt. Die Aufgaben, die in der dritten Periode zu lösen sind, bestehen einmal in der Erklärung der abnormen Lagerung der Gesteine zwischen Rheinthal und Linththal, sodann in dem Versuche, den „bunten Glarner Gesteinen“ ein bestimmtes Alter zuzuweisen, resp. sie in Unterabteilungen von bestimmtem Alter zu gliedern. Eine dritte Aufgabe, die mit den beiden ersten bis zu einem gewissen Grade zusammenhängt, ist die Erforschung der stofflichen Eigenschaften der Gesteine, die diesen Komplex bilden, sowie der Unterschiede, die die Gesteinsarten infolge primärer Zusammensetzung oder sekundärer Umwandlung aufweisen, eine Frage, die sich unmittelbar mit dem Problem, wo die untere Grenze dieser Gesteine zu ziehen sei, oder ob eine scharfe Trennung von dem Liegenden unmöglich sei, berührt. Die Grenze zwischen der zweiten und dritten Periode ist keineswegs scharf; Anklänge an die vulkanistische Anschauung finden sich noch sehr häufig, ja, STUDER hat sich eigentlich, wie wir sehen werden, nie ganz von ihr frei gemacht, in der ersten Zeit sogar sie trotz der Überzeugung von dem relativ hohen Alter der Glarner Gesteine mehrfach scharf betont.

1846. Die erste zusammenfassende Darstellung der Glarner Gebirge findet sich als „Gebirgskunde" von A. ESCHER von der Linth auf S. 51—90 in dem Werke: „Der Kanton Glarus" von OSWALD HEER und J. J. BLUMER-HEER (St. Gallen und Bern 1846, Historisch-geographisch-statistisches Gemälde der Schweiz, VII. Band). In einer Einleitung bespricht ESCHER zunächst die Steilstellung von Sedimenten und vertritt die Annahme, dass sie „durch gewaltsame Ereignisse aus ihrer ursprünglichen horizontalen Lage gebracht worden seien. Zeigen sich nun solche Störungen der anfänglichen Lagerung der Sedimentgesteine im grossartigsten Massstabe in der Nähe der krystallinischen Gesteine und nehmen sie mit der Entfernung von den letzteren bis zum Verschwinden ab, wie dies in den Alpen wirklich der Fall ist, so liegt wohl der Schluss sehr nahe, dass diese Störungen und die dadurch entstandenen Unebenheiten der Erdoberfläche eine Folge seien derjenigen Ereignisse, welchen die krystallinischen Gesteine ihre jetzige Natur und Verbreitung verdanken. Darf man diese Ansicht für richtig halten, so wird man auch erwarten, dass jene Einflüsse auf die in der Nähe der krystallinischen Felsarten befindlichen Sedimentgesteine ebenfalls eine gewisse Wirkung gehabt und sie mehr oder minder verändert haben werden. Dies ist auch in der That der Fall; die Sedimentkalkgesteine zeigen häufig in der Nähe der krystallinischen Felsarten mehr und minder krystallinische Textur; . . . in anderen Fällen haben die Sedimentgesteine eine ungewöhnliche Festigkeit erhalten und zeigen talkige Ablösungen, die im unveränderten Gestein nicht vorkommen. Konglomerate und Sandsteine sind in halb krystallinische Massen umgewandelt, in denen die chemische Bildungsweise ebenso unverkennbar ist als die mechanische (Sernf-Konglomerat u. s. f.). Zwischen den Sedimenten und den krystallinischen Gesteinen finden sich auch allmähliche Übergänge, aus welchen eben hervorzugehen scheint, dass sie auf grosse Strecken in wahre krystallinische Felsarten umgestaltet worden sind" (S. 53). Sodann wendet sich ESCHER zu der auffallenden Lagerung, die einen „krystallinisch gewordenen, wahrscheinlich der Oolithperiode angehörigen Kalkstein“ und den Sernfschiefer, „eine Bildung, deren eine Gesteine durch rein krystallinische Kräfte, andere durch krystallinische und mechanische, und noch andere fast bloss durch mechanische Kräfte erzeugt zu sein scheinen“ (S. 55), über Flyschgesteinen zeigt; aus den organischen Einschlüssen des Flysch wie aus dem Funde eines dem Ammonites polyplocus Rein. sehr ähnlichen Ammoniten in dem veränderten Kalkstein der Decke folgert er „die Überlagerung einer neueren Bildung durch eine ältere“. „Wenn nun schon die Überlagerung einer neueren Bildung durch eine ältere in der Ausdehnung, wie dies im Kanton Glarus sowie in den östlich und westlich davon liegenden Gegenden der Fall ist, eine ungemein auffallende und bis jetzt sonst noch nirgends beobachtete Erscheinung ist, so wird man doch weit mehr überrascht durch folgende Verhältnisse: Die krystallinischen Gesteine des Krispalt-, Oberalpstocks u. s. w. setzen nämlich als talkige, quarzreiche, zuweilen auch Feldspatkrystalle enthaltende Schiefer gegen ONO im Vorderrheinthal bis zum Schlosshügel von Felsberg am Fusse des Kalanda fort, und steigen, namentlich ob Flims den Kalkstein deutlich bedeckend, empor an den Grat, der das Rheinthal von den Linththälern trennt, bilden an diesem fast die ganze Kammhöhe vom Hausstock an bis zum Ringelkopf, und setzen dann, parallel mit ihrer Kalkunterlage und in Übereinstimmung mit der halbmondförmigen Gestaltung des Bodens, über der Nummuliten- und Flyschetage weg bis ans Wallenseethal, bis Glarus und längs der Westseite des Linththales bis weit über die Kantonsgrenze hinaus; in letzteren Gegenden haben sie zwar nicht mehr den Charakter rein krystallinischer Gesteine, sondern sie erscheinen vorwaltend als Konglomerate und rote Schiefer; alle ihre Abänderungen hängen aber, sowohl nach ihrer räumlichen Verbreitung als nach ihrem mineralogischen Charakter, so innig zusammen, dass sich bis jetzt wenigstens kein zureichender Grund auffinden liess, um die einen von den anderen zu trennen.

Über dem Sernfschiefer aber liegt dann wieder in regelmässiger Ordnung die ganze Reihenfolge der neptunischen Niederschläge von den unteren Juraschichten an bis hinauf zu den jüngsten Kreidegliedern, und zwar finden sich wenigstens die unteren Juraschichten nicht etwa nur längs dem äusseren Rande der Sernfschiefer, sondern auch mitten in ihrem Gebiete, so an der Südseite des Vorab, am Guldersock u. s. w.

Die beschriebenen Flysch- und Nummulitengesteine sind also vollständig bedeckt durch die Sernfschiefer, und man möchte demnach wohl versucht sein, sie nach dem Vorgange der älteren Naturforscher als die älteste Bildung der ganzen Gegend, als Repräsentant des Übergangsgebirges anzusehen; allein ihre Versteinerungen sprechen gar zu deutlich gegen eine solche Folgerung; denn es ist doch in der That durchaus unwahrscheinlich, dass im südlichen Teile des Kantons Glarus und den angrenzenden Gegenden die Entwickelung des organischen Lebens nach ganz anderen Gesetzen sollte stattgefunden haben, als im übrigen Europa und als selbst im nördlichen Teile von Glarus. Überdies würde auch diese Annahme die Schwierigkeit nicht heben, indem die Bedeckung rein neptunischer Gesteine durch krystallinische in der angeführten Ausdehnung und Lagerungsweise immer noch eine ganz anomale Erscheinung bliebe, selbst wenn man die Bestimmung des die Nummulitenetage von den Sernftschiefern trennenden Kalksteins als der Juraperiode angehörig für zu schwach begründet und für irrig ansehen wollte. Auch andere Versuche, diese Lagerungsverhältnisse durch Annahme grossartiger Umbiegungen und Verschiebungen auf die regelmässige Lagerungsweise zurückzuführen, haben bis jetzt nur teilweise zum erwünschten Ziele geführt" (S. 69, 70).

Es enthält also diese Abhandlung Eschers, trotz der durch den Charakter des Heerschen Buches bedingten populären Darstellung, die Grundlagen zur richtigen Deutung der Glarner Gebirge, die Erkenntnis, dass ältere Schichten auf weite Erstreckungen jüngere überlagern, dass über und unter den krystallinen Gesteinen dieselben Sedimente liegen, sowie die Schlussfolgerungen, dass derartige Lagerungen nur durch mechanische Vorgänge entstanden sein können, und mit diesen mechanischen Vorgängen die krystalline Natur einzelner Formationsglieder zusammenhängt. Über das Alter der Sernfschiefer finden sich keine exakten Angaben; in der beigegebenen Tabelle, „Reihenfolge der Sedimentbildungen" (S. 56, 57), sind sie als „krystallinische Gesteine" aus der Reihe der übrigen Gesteine losgelöst; für Zechstein und Rotliegendes ist kein Vertreter angegeben.

In dem schon oben erwähnten Briefe (L. J. 1846, S. 195 ff.) bespricht Studer den innigen Zusammenhang und die Analogien zwischen den Apenninen, den französischen, schweizerischen und deutschen Alpen und betont hierbei, „wo es sich um die Erhebung zu Gebirgssystemen und nicht um die neptunische Ablagerung von Sedimenten handelt, die Übereinstimmung des metamorphischen Gesteincharakters; da die Metamorphose, wenn auch verschieden von der Hebung, doch vorzugsweise ebenfalls durch von unten her wirkende Agentien bewirkt worden sein mag. Und auch diese Gesteine folgen dem Alpenwall in seiner vollen Krümmung; . . . die merkwürdigen Konglomerate und Sandsteine mit Talkcäment, rot oder grün und übergehend in Quarzit, die Gesteine von Mels und Sernfthal, von Valorsine und St. Gervais zeigen sich . . . auch im Ligurischen Apennin, an den Quellen des Tanaro und selbst noch am Vorgebirge Cap Corvo, am Ausgange des Golfs von Spezzia“ (S. 198, 199).

Neben der theoretischen Anschauung über die Entstehung der Konglomerate durch Metamorphose ist hier der Vergleich mit den italienischen Gesteinen von grosser Bedeutung.

1849. Murchison (on the Geological Structure of the Alps, Apennines and Carpathians more espacially to prove a transition from Secondary to Tertiary rocks and the development of Eocene deposits in Southern Europe; Quaterly Journal of the Geological Society of London, Band V, 1849, S. 157 ff.) behauptet in den hier in Betracht kommenden Abschnitten zunächst das Fehlen der Permformation in den Alpen: The permian system, so copiously developed in Northern Europe and espacially in Russia, seems in fact never to have been deposited in Southern Europe (S. 164); sodann bestätigt er die Richtigkeit der Escherschen Beobachtungen über die Gebirge im Kanton Glarus und hält auch seinerseits eine Erklärung dieser Thatsachen nur durch eine „grand inversion of masses“ für möglich (S. 246—249).

1850. Im Jahre 1850 endlich überträgt Studer in demselben Briefe, der die Erklärung der „Anomalie von Petit Coeur“ bringt (s. o.) (L. J. 1850, S. 826 ff.) den Namen der toskanischen Gesteine auf die mit den Anthracitschiefern verbundenen

Konglomerate: „Er liegt unter ihnen (den Schiefern von Chapin) in nicht grosser Mächtigkeit ein talkiges[1] Konglomerat, der Steinart nach mit dem Verrucano in Toskana oder dem Konglomerat von St. Gervais oder Mels übereinstimmend, in Verbindung mit Quarzit" (S. 832). Im Laufe der Beschreibung spricht er von „Verrucanogesteinen" oder „Verrucano" schlechtweg und verwendet diesen Namen als zusammenfassende Bezeichnung fortan für alle bisher als „Melser Gesteine", „Endigungsgesteine der Centralmassive", „bunte Glarner Gesteine", „talkige Konglomerate und Quarzite der Zwischenbildungen" etc. aufgeführten Gesteine.

Die Auffassung des **italienischen Verrucano** von dem Golfe von Spezzia, den Apuanischen Alpen und den Monti Pisani hat ebenso geschwankt wie die der entsprechenden Schweizer Gesteine. Targioni Tozetti beschreibt in dem mir allein zugänglichen Werke: Voyage minéralogique, philosophique et historique en Toscane, Paris 1792, das die Reise von 1742 schildert, hierher gehörige Konglomerate sehr ausführlich von der Kupfermine S. Giovanni alla Vena und dem Berge Castellare, an dem sie liegt, (Band I, S. 192—196) und erwähnt eine „brique à meules" von der Verruca (S. 210). Durch Hausmanns Arbeiten (Göttinger gelehrte Anzeigen, 1819, S. 233 ff.; Leonhards Taschenbuch für 1821, S. 562, 563, Vortrag in einer Versammlung der Kgl. Societät der Wissenschaft zu Göttingen 1822, vergl. Leonhards Taschenbuch für 1823, S. 684 ff.) wurden diese Gesteine als Talkschiefer und Grauwacke zum Übergangsgebirge gestellt. Pareto (Giornale ligustico di science, lettere et arti, Genova, Vol. I, Heft 3, 1827, S. 122 ff.) unterscheidet Urgebirge in den nördlicheren Teilen des Apennin, wohin er auch „Grauwacke" vom Col die Tenda und Noli rechnet, und Übergangsgebilde in den südlicheren Teilen bei Spezzia etc., also aus dem Verrucanogebiet. Guidoni (Vieusseux Antologia 1827, Heft 3, S. 146 ff.) konstatiert Talkschiefer und Grauwacke von sehr wechselnder Farbe und Korn über dem Marmor und wendet sich gegen Hausmann, der Grauwacke im Liegenden angiebt. Bronn (Über die geognostische Beschaffenheit der Apenninen Oberitaliens, Leonhards Zeitschrift für Mineralogie

---

[1] l. c. steht „kalkiges"; es ist dies offenbar ein Druckfehler, vergl. auch Studer, Geologie der Schweiz, I, 1851, S. 96, 97.

1828, S. 214 ff.) stellt die Ergebnisse der Arbeiten seiner Vorgänger zusammen und kommt auf Grund dieser, sowie eigener Forschungen zu der Ansicht: „die Gebirgsarten vom Granit an bis zum Kalk, der Grauwacke, dem Serpentine und Gabbro sind nirgends scharf als Formationen gesondert, sondern wiederholen sich wohl in verschiedenen Perioden, wechsellagern oft oder tragen sonst die Zeichen an sich, dass sie, in verschiedener Gruppierung, doch gleichzeitige Glieder weniger Formationen sind" (S. 232, 233). In dieser ganzen ersten Periode sind die Lagerung und der Gesteinscharakter massgebend für das Alter der Gesteine und ihre Klassifizierung; in ihrem Endresultat führt diese Art der Betrachtung, wie bei den Gesteinen von Glarus, durch scheinbare Wechsellagerung der verschiedenen Gesteine in gefaltetem Gebirge, zu der Annahme, dass der grösste Teil der Gesteine zu einer Periode gehört.

Die zweite Periode, charakterisiert durch die vulkanistischen Theorien, die der Deutung der Gesteine zugrunde gelegt werden, wird eröffnet durch drei Arbeiten von Savi (erschienen im Nuov. Giorn. dei letterati t. XXIV, N° 63). Der Marmor von Carrara gilt als umgewandelter sekundärer Kalk, die tiefsten Lagen des Apenninensandsteins sind kieselige Sandsteine, wechsellagernd mit Talkschiefer und talkigen Konglomeraten, die durch vulkanische Einflüsse aus dem Sandstein entstanden sind. Als Liegendes der Kalke wie der Apenninensandsteine finden sich quarzige Sandsteine, Breccien und als Produkte der Metamorphose eine Grauwacke mit talkigem Bindemittel, Talcschiste nodulaire. Als Ursachen der Umwandlung werden neben Eruptivgesteinen auch Eisenerzgänge angegeben.[1]

---

[1] Offenbar hat schon hier Savi den Lokalnamen Verrucano für das Konglomerat der Monti Pisani in die Litteratur eingeführt. Das Original war mir trotz vieler Mühe nicht zugänglich; hingegen enthalten die von mir eingesehenen Referate im Résumé des progrès de la Geologie (Bull. de la Soc. geol. de France, Ser. 1, Vol. III, S. XLI), sowie der diesem entnommene Bericht im Neuen Jahrbuch (L. J. 1834, S. 364 ff.) das Wort „Verrucano" wohl infolge eines Missverständnisses als Name eines Berges oder Ortes. Jedenfalls trägt auf einer Karte Savis aus dem Jahre 1832 (Carta geologica dei monti Pisani, vergl. Klöden, Bemerkungen über die Monti Pisani, L. J. 1840, S. 505 ff., spec. S. 505, 508, 509) eine in einem grossen Teile dieses Gebietes entwickelte Formation die Bezeichnung „Verrucano".

Pareto und Guidoni (über die Berge des Golfes von Spezzia und der Apuanischen Alpe (Bibl. Ital., 1832) geben als tiefste Glieder, die sich am Aufbau der Berge des Golfes von Spezzia und der apuanischen Alpe beteiligen, Gneiss und Talkschiefer an. Die talkigen Gesteine stimmen genau mit denen der Alpen aus Savoyen und Graubünden überein; sie sind Eruptivgebilde. Keferstein (Geognostische Bemerkungen über den Bau der Alpen, Apenninen, Karpathen, Teutschland, Band VII Heft 2, zweite Abteilung, 1832, S. 125 ff.) stellt zuerst fest, „dass die Apenninen ganz wie die westlichen Alpen gebaut sind" und spricht den ganzen Komplex der Gesteine als Flysch in seinem Sinne an (S. 133).

Noch weiter geht Hoffmann (Gebirgsverhältnisse in der Grafschaft Massa-Carrara, Karstens Archiv, 6. Band, 1833, S. 229 ff.); ganz analog den gleichzeitigen Auffassungen Studers in den Alpen erklärt er, in der Alpe Apuana „Thon- und Glimmerschiefer, Talkschiefer und Gneiss hier zum erstenmale unter Lagerungsverhältnissen und in Verbindungen" angetroffen zu haben, „welche an der Gleichzeitigkeit oder dem unmittelbaren Zusammenhange ihrer Bildung mit versteinerungsführenden Kalksteinen des jüngeren Flötzgebirges keinen Zweifel gestatten" (S. 258); in den „geognostischen Beobochtungen, gesammelt auf einer Reise durch Italien und Sizilien in den Jahren 1830—1832" (Karstens Archiv, Band XIII, 1839, S. 3 ff.) schliesst er sich vollkommen an Savi an, und unterscheidet mit ihm in Toskana „drei in gleichförmiger Lagerung vorkommende Bildungen. Die untere, welche an den Veränderungen den meisten Anteil nimmt, nennt er (Savi) Verrucano. Es ist Talk- Chlorit- und Thonschiefer, oft dem Glimmerschiefer ähnlich, und Quarzkonglomerat mit quarzigen Sandsteinbänken, ohne eine Spur von organischen Resten" (S. 244). Im Gegensatz zu Savi, der wiederholt einen massigen oder gangartigen Charakter der Konglomerate betont, findet Hoffmann das Streichen der Konglomeratbildung, auf dem das Kastell Verruca, südwestlich von Pisa am rechten Arnoufer, liegt, übereinstimmend mit dem aller übrigen Schichten in der Nähe. Die Beschreibung des Gesteins von der Verruca ist sehr charakteristisch: „Die inneliegenden Brocken sind stumpfeckige, selten stärker verrundete Quarzstücken, fest verkittet, in einem dem Eisenthon oder der Wacke ähnlichen Bindemittel, welches nur selten schiefrige Struktur zeigt. Mehr als nussgrosse, schmutzig-dunkel eisenrote Geschiebe erscheinen aufgeschlagen teils als eine gleichförmige dichte Thonsteinmasse, worin einzelne kleine Quarzkörner zerstreut liegen, welche den Gesteinen ein porphyrartiges Ansehen geben, teils als ein Kern von dünnschiefrigem Talkschiefer, welcher nach aussen in eine solche Thonmasse allmählig übergeht" (S. 250). Ähnlich beschreibt er den Verrucano aus der Umgebung von Spezzia (S. 282—285). 1834 giebt Savi (sulla scorza del globo terrestre e sul modo di studiarla, Pisa 1834) eine Definition des Verrucano (S. 69). Er bezeichnet den Verrucano als eine Marinbildung, bestehend aus Sandstein mit kieseligem und talkigem Cäment und aus bunten Konglomeraten, die in Arkose, Glimmerschiefer und Gneiss übergehen. In den „Bemerkungen" zu seiner Definition weist er auf Grund der von Pareto festgestellten grossen Ähnlichkeit der Verrucanogesteine mit Schiefern und Sandsteinen aus dem Departement du Var, die dort zum bunten Sandstein gestellt werden, diesen ihren Platz in der Nähe seines Arenaria screziata (Bunter Sandstein) und der Marne varicoli (Keuper) an (S. 70). Klöden (Bemerkungen über die Monti Pisani, L. J. 1840, S. 505 ff.) berichtet zunächst, dass Savi jetzt (1839) nach mündlichen Mitteilungen den Verrucano für umgewandelten Lias hält und die „unzweideutigsten Übergänge dieses zweifelhaften Gesteins in Gneiss" kennt; sodann fügt er seinem Aufsatz ein von Savi gezeichnetes Profil bei, nach welchem, wenn „der Gneiss ein umgewandeltes Gestein wäre, der Verrucano vielleicht als dasselbe, nur nicht so weit in seiner Umwandlung vorgeschritten, gelten könnte" (S. 510, 511).[1] Studer (Brief L. J. 1841, S. 231 ff.) sieht auf seiner italienischen Reise 1840 ganz im Sinne seiner gleichzeitigen Auffassung der Glarner Gesteine in der Umgebung von Spezzia, in den Apuanischen Alpen und am Monte Pisano „Metamorphosen von Flysch und Kalkstein zu krystallinischen Gesteinen"; ältere Gesteine erwähnt er in diesem Briefe

[1] Klöden giebt (S. 509) eine wörtliche Übersetzung der Savischen Definition; die dieser Übersetzung beigefügte Anmerkung über die Stellung des Verrucano enthält nicht, wie man ohne Kenntnis des Savischen Originals annehmen muss, Klödens Ansicht über das Alter des Verrucano, die er der Savischen Auffassung von 1840 gegenüberstellt, sondern ist gleichfalls eine Übersetzung aus Savis Sulla scorza, die von Klöden, weil sie auch im Original als Zusatz zur Definition erscheint, in eine Anmerkung verwiesen ist, aber nicht deutlich als Übersetzung bezeichnet ist.

nicht (S. 233). Coquand (Bull. de la Soc. géol. de France, Série 2, Tome II, 1845, S. 155 ff.) stellt die Gesteine sehr tief; den „Gneiss, Glimmer- und Talkschiefer“ der Apuanischen Alpen und Monti Pisani rechnet er zum krystallinen Schiefergebirge, die sie überlagernden Konglomerate, Quarzgesteine und Grauwacken zum kambrischen System, einen Teil der hierher gehörigen Gesteine als metamorphische Gesteine zusammen mit dem Marmor von Carrara zum Übergangsgebirge und schliesst sich somit eigentlich wieder an die erste Periode an.

Murchison (On the Geological Structure of the Alps, Apeninnes and Carpathians, Quaterly Journal, Band V, 1848/49, S. 157 ff.; deutsch: Über den Gebirgsbau in den Alpen, Apenninen und Karpathen, bearbeitet von G. Leonhard, Stuttgart 1850) stellt an die Spitze seines Abschnittes über die Apeninnen und Italien den Satz, dass auf dem italienischen Festlande die ganze paläozoische Reihe fehlt und wohl kaum Trias vorkommt (S. 263). Den Verrucano, in dem Pareto Trias, Pilla paläozoische Gesteine annimmt, bezeichnet er mit Collegno als Basis des Lias (S. 266, 267).

Die Frage nach dem Alter des Verrucano in Oberitalien wird wesentlich gefördert durch die Entdeckung von Kohlenpflanzen (Pecopteris arborescens und Annularia longifolia) in Kohlenschiefern in den tieferen Lagen des Verrucano, die Savi und Meneghini (Observazioni stratigraphiche e paleontologiche concernenti la Geologia della Toscana, Firenze 1851) am Monte di Torri bei Jano (l. c. 10—12) auffanden. Noch war der Streit über das Alter der Kohlenschiefer von der Tarentaise, die die gleichen Pflanzen führen, nicht entschieden und so stellen Savi und Meneghini einen Teil des Verrucano nur mit einem gewissen Zagen, entgegen der Autorität E. de Beaumonts und Murchisons, zum Carbon (S. 60—65) (vergl. auch die Aufzählung der Kohlenpflanzen des Verrucano in Periodo Carbonifero S. 156 u. S. 214, sowie Murchisons Brief in der Note zu Savis und Meneghinis Toscana: sulla piante carbonifere del Verrucano, S. 186, 187). Den bedeutendsten Eindruck macht jedoch der dem eben erwähnten Werke beigegebene „Prospetto generale della Geologia Toskana“, eine Tabelle, die nebeneinander die charakteristischen Versteinerungen, die unveränderten und veränderten Gesteine Toscanas enthält. Savi und Meneghini teilen die paläozoischen Gebilde bei den unveränderten Sedimenten in ein oberes und unteres System, geben als unteres Paläozoicum die „Scisti nodulosi inferiori" unter anderen Gebieten vom Monte Pisano und Monte Argentale an, zerlegen das obere karbonische System in ein tieferes Glied mit Kohlenpflanzen „Scisti antracitiferi e grafitiferi" von dem Thal von Asciani und den Monti Pisani, vom Berge Jano, von Marina di Rio etc. und ein oberes Glied „Psammiti quarzoso-talcose, Anageniti (Konglomerate) Quarziti, Steascisti e Scisti filladici talora bituminosi del Verrucano" von den Apuanischen Alpen, den Monti Pisani, vom Berge Jano, Elba etc. Alle diese drei Abteilungen vereinigen sie zu einer einzigen in der Reihe der veränderten Gesteine als Psammiti quarzose, Anageniti, Quarziti, Steascisti etc." von allen genannten Lokalitäten und „Gneis talcoso" vom Fuss des Monte Altissimo.

1847. Von diesen Gesteinen übertrugen Escher und Studer den Namen auf die ähnlichen Schweizer Gesteine, Studer allerdings in einem etwas anderen Sinne. Studer konnte sich erst sehr spät, völlig vielleicht nie von dem Gedanken frei machen, dass der Verrucano eine lokale abnorme Bildung sei, bei der sedimentäres und eruptives Material in Verbindung mit metamorphosierenden Kräften zusammengewirkt habe; noch 1847 erklärt er (Lehrbuch der physikalischen Geographie und Geologie, Teil II, 1847) „das Sernfter und Melser-Konglomerat" sei aus Thonschiefern hervorgegangen, die ihrerseits durch Metamorphose sich aus den Fischschiefern und Nummulitengesteinen entwickelt hätten und bemerkt bei der Besprechung der Übergänge der westlichen Quarzite und Konglomerate (zwischen Martigny und St. Maurice, von Valorsine etc.): „Die meisten der grossen Gneissgebirge der Alpen verlaufen an ihren östlichen oder westlichen Auskeilungen in talkige Quarzite oder Konglomerate, die man nur als Abänderungen der sie einschliessenden grauen Schiefer und Sandsteine betrachten kann. Dieselbe vermittelnde Stellung zwischen Gneiss und Macigno nimmt, wie schon Savi und Hoffmann bemerkt haben, der Verrucano ein" (S. 151). „In den Alpen möchte man versucht sein, mehrere Konglomerate, die in rätselhaften Lagerungs-Verhältnissen vorkommen, als Reibungsprodukte zu erklären; so die Sandsteine, Breccien und Konglomerate, . . . die häufig Einlagerungen oder stockförmige Massen in den Kalk- und

Flyschalpen bilden, vielleicht auch die meist zu grösseren Gebirgsmassen angehäuften Konglomerate, die im Innern der Alpen meist in enger Beziehung zu den krystallinischen Centralmassen stehen (Valorsine, Glarus, Davos, Bergamaskerthäler). Derselbe Ursprung würde dann auch den Konglomeraten des toskanischen Verrucano zukommen (Cap. Corvo, M. Pisani.)." (S. 170).

1851. Diese Anschauung über die Natur und die Entstehung des Verrucano behielt Studer im allgemeinen auch in seiner „Geologie der Schweiz", bes. im ersten Band, (I. Band, 1851, II. Band, 1853, Bern und Zürich) bei. Da dieses grundlegende Werk unter Benützung der Escherschen Reiseberichte geschrieben ist (vergl. Band I, Einleitung, S. III), so entsteht gerade bei der Behandlung des Verrucano eine eigentümliche Unsicherheit: Escher hatte sich, besonders durch seine Untersuchungen in Vorarlberg, zu der Überzeugung durchgerungen dass der Verrucano ein normales Glied in der alpinen Gesteinsreihe sei und war folgerichtig dazu gelangt, die doppelte Lagerung des Verrucano im Thale und auf den Höhen der Glarner und Graubündener Berge durch eine Lagerungsstörung zu erklären, und diese Auffassung tritt in zahlreichen Beschreibungen und Profilen, die sich auf Eschers Untersuchungen stützen, hervor; in sehr vielen anderen Fällen liegt der Beschreibung die oben geschilderte Studersche Anschauung zu Grunde. In welchem Sinne Studer den Namen Verrucano auf Schweizer Gesteine überträgt, erhellt aus seiner Besprechung des Apennin. Nach seinen Angaben bezeichnet Savis Verrucano „zwei Steinarten, die, obgleich enge verbunden, doch von einander getrennt werden müssen. Der eigentliche Verrucano, für den wir die Benennung festhalten wollen, . . . ist ein Konglomerat verschiedenartiger, meist gerundeter Geschiebe, von der Grösse eines Apfels oder Eis bis zu der eines Sandkorns, so dass der Stein in einen grobkörnigen Sandstein, oder bei inniger Verschmelzung in Quarzit übergeht. Die Geschiebe bestehen vorherrschend aus Quarz, der, besonders in den Sandsteinen, oft rötlich gefärbt ist. Das Cäment ist ein meist grünlich weisser Talk, der die Geschiebe und selbst die kleinen Körner oft ganz umhüllt und, wo er vorherrscht, dem Gesteine eine rohe Anlage zum Schiefrigen erteilt oder auch als Talkschiefer damit abwechselt. Unter diesem Konglomerat, oder, wo es fehlt, unmittelbar unter dem körnigen oder dichten Kalkstein, liegt der von SAVI ebenfalls Verrucano genannte Talkschiefer, Glimmerschiefer und Gneiss, dunkel graulich grün, meist unvollkommen ausgebildet, zwischen krystallinischer und mechanischer Aggregation schwankend, wie ein dem Talkschiefer sich nähernder Thonschiefer, zum Teil aber auch von den Schiefern und Gneissen deutlich krystallinischer Gebirge nicht verschieden.', (I, S. 28, 29).

Während aber hier von keiner eruptiven oder vulkanischen Eigenschaft dieser Gesteine die Rede ist, sondern sie als normale Sedimente erscheinen, sind ihm bei der Besprechung der Schweizer Gesteine „das Auftreten und die Lagerungsverhältnisse dieser Gesteine zum Teil rätselhaft und deuten auf verwickelte und oft sehr gewaltsame Prozesse. Ihr plötzliches Anschwellen zu mehr als hundert Meter dicken Stöcken, der Übergang deutlicher Konglomerate in krystallinische Steinarten, der starke Eisengehalt, die häufige Verbindung mit Rauchwacke und gelb bestaubten, dolomitischen Kalksteinen und andere Verhältnisse geben der Annahme Raum, dass sowohl mechanische als chemisch-plutonische Kräfte, Sedimentbildung und Erosion ebenso wie von unten her aufgestiegene Stoffe zu ihrer Erzeugung und Gestaltung mitgewirkt haben. Es möchte deshalb ein vergebliches Bemühen sein, für diese Bildungen einen bestimmten Rang in der Altersfolge der Formationen auszumitteln, oder sie als allgemein verbreitete in jedem Profil wiederfinden zu wollen.

Organische Überreste kommen, mit Ausnahme der von CURIONI in den Bergamaskergebirgen aufgefundenen Konchylien, die den dortigen Verrucano oder Servino als Trias bezeichnen würden, nicht vor. In neuester Zeit haben MENEGHINI und SAVI in Anthracitschiefern, welche, auf dem rechten Ufer der Era bei Volterra, der tieferen Masse des toskanischen Verrucano angehören, unzweifelhafte Kohlenpflanzen, Pecopteris arborescens und Annularia longifolia, entdeckt (MURCHISON). Dass der Verrucano verschiedener Gegenden ungleichen Altersformationen angehöre, ist leicht möglich, da ja auch im übrigen Europa rote Sandsteine in sehr verschiedenen Epochen vorkommen. Verrucanomassen, welche dem Anthracitschiefer untergeordnet sind, können, wenigstens ursprünglich, nicht von gleichem Alter sein, wie diejenigen, die mit jurassischen Schiefern abwechseln. Betrachten wir jedoch diese Gesteine als metamorphische Bildungen, so kann das Alter des Nebengesteins ebensowenig über die Epoche der Umwandlung entscheiden, als wir aus dem Alter einer Kalkformation auf die Zeit ihres Überganges in Gyps oder Dolomit schliessen können.

Die Steinarten, die wir in diesem Abschnitte zusammenfassen, sind nach den bezeichneten Hauptgruppen folgende:

1. Verrucano. In mannigfaltigen Abänderungen. Oft nicht verschieden von dem von der Verruca beschriebenen Gestein, als grünliches oder rötliches Quarzkonglomerat mit Talkcäment; oft vorherrschend dunkelrot, ein mit weissem Glimmer oder grobem Quarzsand gemengtes Bindemittel von rauhem dunkelroten Thonschiefer, mit fest umschlossenen, eckigen oder runden Geschieben von Quarz, Jaspis, Gneiss, Glimmerschiefer, rotem und schwarzem Thonschiefer, auch wohl rotem Porphyr, Dolomit, Kalk. Meist ist das Cäment auch für sich entwickelt und begleitet die Konglomerate, als grüner oder roter, quarziger Talk- oder Glimmerschiefer, oder als rauher, kirschroter, oft grün gefleckter, glimmeriger Thonschiefer.
2. Quarzit. Als Talkquarzit an den talkigen Verrucano sich anschliessend: ein Aggregat weisser und rötlich-weisser Quarzkörnchen mit grünlich-weissem Talkcäment. Bei sich zurückziehendem Talk übergehend in körnigen bis dichten Quarzfels. Auch Glimmer aufnehmend, und, durch Entwickelung von Feldspat, übergehend in Gneiss.
3. Roter Sandstein. Kirschrote, rauhe, sandige Thonschiefer werden bei abnehmendem Thongehalt, zu dunkelroten, meist grobkörnigen Sandsteinen. Oft sind in feineren Thonsandsteinen streif- und nesterweise gröbere Quarzkörner mehr zusammengedrängt. Mit den roten wechseln zuweilen auch grüne oder weisse Sandsteine." (I, S. 412 bis 414).

Studer unterscheidet nach dem Auftreten des Verrucano in der Mittelzone der Alpen, dem „Gebiet der centralen Gneissmassen und der sie umschliessenden Schiefer" (I, S. 35) und seiner Verbindung mit anderen Gesteinen fünf Gruppen:

1. dem grauen Schiefer (ein sehr weiter und nicht scharf zu definierender Begriff, I, S. 344 ff.) eingelagerte Massen z. B. die Konglomerate von Valorsine (I, S. 414—418);

2. Endungsgesteine der nördlichen Centralmassive, Quarzite von St. Gervais und die Gesteine der Glarner und Graubündener Berge (I, 418—425);
3. Quarzite der nördlichen Zwischenbildungen (I, S. 426 bis 432), hauptsächlich die Gesteine, die den Nordrand der Finsteraarhorngneisse begleiten;
4. rote Sandsteine und Verrucano des Ostrandes (I, S. 432 bis 437), die Gesteine von Vorarlberg, Engadin etc.
5. Verrucano und rote Sandsteine des Südrandes (I, S. 437 bis 442), die entsprechenden Gesteine, die das Veltlin von der südlichen Nebenzone trennen.

Hierzu kommen noch:

6. der Verrucano und Servino der südlichen Nebenzone (I, S. 444 ff., I, 348 ff. passim) Val Trompia, Gegend von Como, Bergamo etc.
7. der Verrucano der nördlichen Nebenzone, der zum grossen Teile schon unter den Endungsgesteinen der nördlichen Centralmassive behandelt ist.

Der wichtigste Abschnitt im speciellen Teil, „Endungsgesteine der nördlichen Centralmassive“ beschäftigt sich hauptsächlich mit der Geologie der Gebirge zwischen Rhein- und Linththal: „Der Schiefer von Matt ist nämlich, seinen organischen Überresten zufolge, eine der jüngsten alpinischen Bildungen, und wird doch von derselben Verrucanomasse bedeckt, die gegen den Wallensee zu am Fusse des Glärnisch und an so vielen anderen Stellen den ältesten Gliedern unserer Kalkalpen zur Grundlage dient. Um dieses Verhältnis durch eine Umstürzung zu erklären, müsste man voraussetzen, dass der ganze südliche Teil des Kantons, eine Gegend von wenigstens sechszehn Schweizer Quadratmeilen Oberfläche, sich in verkehrter Auflagerung befinde und würde selbst hiemit nicht ausreichen. Einfacher scheint die Annahme, dass die Konglomerate von unten her, unter Begleitung tief eingreifender metamorphischer Prozesse, in die Höhe gedrungen seien und die sedimentäre Decke teils gehoben und auf die Seite geworfen, teils überdeckt haben. Für eine Abstammung aus der Tiefe zeugen die vielen, der Gegend ganz fremden Geschiebe von Granit und Porphyr, die man in dem Verrucano des Murgthales findet, es spricht dafür das lokale Auftreten dieser Konglomerate in kolossalen Massen, die Ähnlichkeit ihrer Felsgestalten mit denjenigen eruptiver Gesteine, der Mangel deutlicher Stratifikation. Während dieses Ausbruchs, der aus einer vom Kärpfstock nach dem Murgthal gezogenen Spalte scheint stattgefunden zu haben, mögen eisenhaltende Sublimationen die angrenzenden Schiefer gehärtet und gefärbt, es mögen andere Umwandelungen die aufliegenden Quarzite und Dolomite erzeugt haben. Am Riesetenpass, zwischen Matt und Seez, sieht man die schwarzen Schiefer ohne Trennung durch allmähliche Nuancen in bunte, hochrote Schiefer übergehen, an anderen Stellen geht gewöhnlicher schwarzer Kalkstein über in strohgelben Dolomit und in Rauchwacke. Die merkwürdigsten Metamorphosen haben im Gipfel des Kärpfstocks stattgefunden; die bunten Schiefer zeigen auffallend krystallinische Entwickelung, wie Thonschiefer oder Gneiss, es ist Feldspat, Epidot, Granat ausgeschieden, in einzelnen Felsen tritt ein wahrer Mandelstein hervor, eine violette, mit dichtem Epidot verwachsene Grundmasse mit länglichen, durch Kalkspat oder Quarz ausgefüllten Blasenräumen, ein Gestein, wie es in Verbindung mit Gabbro rosso in Toskana vorkommt; an anderen Felsen findet ein Übergang in Porphyr statt. Auch der Gipfel der Hausstocks besteht aus bunten Talkquarziten und krystallinischen talkreichen Schiefern, auf einer bis in den tiefsten Thalboden fortsetzenden, mehr als tausend Meter mächtigen Unterlage von Nummulitengesteinen und schwarzen Schiefern." (I, S. 421, 422.)

Diese Abneigung, eine umgekehrte Lagerung auf eine so weite Strecke anzunehmen, hinderte Studer wohl hauptsächlich, den Verrucano speciell in den Glarner Bergen als normales Sediment zu betrachten und veranlasste ihn, eigentlich noch im Sinne der zweiten Periode vulkanische Eigentümlichkeiten in den Gesteinen zu suchen und sogar auf den alten Kraterwall Mürtschenstock, Kuhfirsten, Balfries, Falknis, Kalanda zurückzugreifen (I, S. 425), offenbar im strikten Gegensatze zu Escher, dessen Profile in dem Studerschen Werke beweisen, dass er die Lagerung des Verrucano über tertiären Schiefern auf eine Lagerungsstörung zurückführt. Im ersten Bande ist besonders das Profil Flums-Trons (I, S. 423) charakteristisch für diese Auffassung Eschers; am Kärpfstock und Hausstock ist zwischen liegendem „Nummulitenkalk und Flysch" und hangendem Verrucano ein als Lias bezeichnetes Kalkband angegeben, so dass für diese Zeichnung jede Erklärung auf vulkanischer Grundlage ausgeschlossen ist. —

Gleichfalls zum Verrucano stellt STUDER die entsprechenden Graubündener Gesteine:

„Auf der Nordseite des Vorderrheinthales erscheinen diese Quarzite als Fortsetzung der Gneisse und Glimmerschiefer der Finsteraarhornmasse und sind kaum gegen sie abzugrenzen. Es sind auch hier, bei Trons, Waltensburg, Ilanz, Trins, weisse, grüne, rote Talkquarzite, nicht verschieden von denen des Illgrabens oder von S. Gervais; zuweilen zeigt sich auch Feldspat, oder, statt des Talks, Glimmer. Bei Vättis und im Kalfeuserthal tritt, als tiefste Grundmasse des Kalkgebirges, ein Gestein hervor, das wohl nur als eine Abänderung der auf der Mittagseite des Gebirges herrschenden Quarzite zu betrachten ist, von wahrem Gneiss aber kaum unterschieden werden kann" (I, S. 424).

1853. In STUDERS Auffassung vom Verrucano geht zwischen dem Erscheinen des Bandes I (1851) und des Bandes II (1853) eine Wandlung vor, offenbar hervorgebracht durch ESCHERS Abhandlung über Vorarlberg. Am deutlichsten tritt sie hervor bei der Besprechung der „nördlichen Nebenzone" (S. 1—205), die sich wiederholt mit den Glarner Gebirgen beschäftigt. Mehrfach bezeichnet er in seinem Band II den Verrucano als das Liegende der Jura- und Kreidebildungen sowie des Flysches, so z. B. Band II, S. 4 bei Besprechung des ESCHERschen Profils durch die Grauen Hörner, das wieder zwischen dem liegenden Flysch und dem hangenden Verrucano ein Kalkband, hier als Mitteljura bezeichnet, aufweist. Er erkennt „die Unmöglichkeit, die Störungen der Kalkgebirge einzig dem Einflusse der Centralmassen beizumessen", an (S. 5); er möchte „die Gestaltung der beiden Nebenzonen (der nördlichen und südlichen Kalkalpen) nicht sowohl aus dem von den Centralmassen ausgeübten Seitendruck, als vielmehr durch eine Pressung" erklären, „welche bei dem Emporsteigen und der Ausdehnung der Mittelzone auf den Rand der zerborstenen Erdrinde eingewirkt habe" (S. 8) . . . „Die rätselhaften Verhältnisse in Glarus möchten sogar den Gedanken erwecken, grössere Stücke der früheren Decke der Mittelzone seien, durch die Gewalt aufsteigender Dämpfe, über den Rand der Spalte zurückgebogen und, wie ein sich abwickelndes Tuch, durch die von ihr bedeckte Randmasse nachgezogen worden" (S. 9). Wie auch immer STUDER sich den tektonischen Vorgang gedacht hat, keinesfalls schreibt er mehr dem Verrucano eine aktive Rolle bei der Entstehung der Abnormität von Glarus zu; er erkennt ihn als das primär Liegende der Kalkgebirge und des Flysch an und führt seine Lage über dem Flysch und seine Wiederkehr in der Schichtfolge in den Glarner Gebirgen auf eine Lagerungsstörung, auf „eine Verwerfung und Überschiebung" die sich allerdings „beinahe über den ganzen Kanton erstreckt", zurück (S. 189, 190). Auf die übrigen alpinen Verrucanogebiete soll kurz an anderer Stelle eingegangen werden.

Mit dem Erscheinen des STUDERschen Werkes, das zugleich abschliessend und grundlegend war, tritt eine durchgreifende Änderung in der Art der Behandlung der alpinen geologischen Probleme ein; auf längere Zeit fehlen zusammenfassende, theoretisch gefärbte Abhandlungen in der Art KEFERSTEINS, sowie Berichte über Wanderungen durch grosse Teile der Alpen, wie sie bis dahin fast allgemein üblich waren. Die Arbeiten der Alpengeologen sind fortan Specialuntersuchungen über beschränkte Gebiete, „vorläufige Resultate" werden nur sehr selten noch veröffentlicht, das Ergebnis langjähriger Arbeit erscheint auf einmal, als ausgearbeitete Monographie, so dass Schwankungen in der Auffassung nicht wie bisher in der Litteratur ihren bleibenden Ausdruck finden, sondern überwunden werden, ohne dass der Leser die Entstehung einer Ansicht wie bisher verfolgen kann. Für den Verrucano der Lande zwischen Linththal und Rheinthal speciell kommen noch zwei Gründe hinzu, die eine auffallende Minderung in der Zahl der Untersuchungen, die sich mit ihm beschäftigen, der Zeit vor 1853 gegenüber bewirken: STUDERS Werk hatte eine Parallelisierung mit ähnlichen auch geologisch gleichwertigen Gesteinen in dem grössten Teile der Alpen durchgeführt, wenn auch immer noch mit Vorbehalt und Betonung einzelner Unterschiede, und somit dem „Melser Konglomerat", resp. „Sernfgestein" seine Ausnahmestellung genommen, ESCHER vollends hatte gezeigt, dass dieselben Gesteine weiter östlich im Vorarlberg in normaler, daher zum Vergleich geeigneterer Weise entwickelt seien. So verloren die Glarner Gesteine sowohl die Bedeutung eines Typus für eine bestimmte alpine Entwickelung, die ihnen KEFERSTEIN zuschrieb, als auch das Interesse, das sie auf Grund der älteren KONRAD ESCHERschen und STUDERschen Anschauungen als abnorme singuläre Bildung erregt hatten. Hierzu kommt noch, dass der Mann, der sich die Erforschung der Glarner und Graubündener Alpen zur Lebensaufgabe gestellt hatte und sie jahrzehntelang allein durchführte, ARNOLD ESCHER, die Resultate seiner Beobachtungen nicht veröffentlicht hat; sie sind ein Teil der zahllosen Thatsachen, die ALBERT HEIM in dem grossen, ESCHER gewidmeten Werk: „Untersuchungen über den Mechanismus der Gebirgsbildung im Anschluss an die geologische Monographie der Tödi-Windgällen-Gruppe" (Basel 1878) niedergelegt hat und bilden mit den Ergebnissen jahrelanger Studien dieses Forschers ein untrennbares Ganzes: die Grundlage, auf die HEIM in Übereinstimmung mit ESCHERS Anschauungen seine Erklärung von dem Bau dieser Gruppe entwickelt (vergl. l. c. Band I, Widmung und S. 129).

Im folgenden sollen zunächst die Abhandlungen, soweit sie sich mit dem Glarner und Graubündener Verrucano beschäftigen oder auf seine Auffassung einen wesentlichen Einfluss geübt haben, besprochen werden, sodann sich ein kurzer Überblick über die Auffassung ähnlicher Gesteine in anderen Gebieten der Alpen anschliessen.

1855. Zunächst ist es auffallend, dass auf der „geologischen Übersichtskarte der Schweiz", Reduktion der grösseren geologischen Karte der Schweiz von B. STUDER und A. ESCHER (Winterthur 1855) die Gesteine des Vorderrheinthals als „y-Gneis und Glimmerschiefer" also vollkommen wie die Gesteine der eigentlichen Centralmassive bezeichnet sind, während sie in der Geologie der Schweiz von 1851 in Text und Karte als Verrucano behandelt sind. Einen Grund für diesen Umschwung konnte ich in der Litteratur nicht auffinden.

1857. Als „Nebengestein" wird das „Sernfgestein" oder der „Verrucano" in den folgenden Jahren mehrfach bei Beschreibungen des Kupferbergwerks an der Mürtschenalp erwähnt, zunächst von Bergrat REICH 1857 in einer „Notiz über die Kupfergrube an der Mürtschenalp neben dem Wallensee im Kanton Glarus" (Berg-

und hüttenmännische Zeitung, 16. Jahrgang, Neue Folge 11. Jahrgang, Freiberg 1857, S. 168[1]) unter den Verhandlungen des Bergmännischen Vereins zu Freiberg). „Derselbe baut einen weithin an dem steilen Gehänge eines Alpenthales fortsetzenden und flach in den Berg hinein fallenden Gang ab. Das Nebengestein ist das sogenannte Sernfkonglomerat, das hier mit grosser Mächtigkeit auftritt und regelmässig von einem dolomitischen Kalkstein . . . überlagert wird.“ Die „Hauptmasse des ganz unkrystallinischen lagerartigen Ganges ist ein undeutlich gemengtes Gestein, das Grünstein genannt wird, häufig Kalkmassen mit sich führend, welche die Erzführung zu begünstigen scheinen.“

1859. F. von Richthofen (Die Kalkalpen von Vorarlberg und Nordtirol, Jahrbuch der k. k. geol. Reichsanstalt, Band X, 1859, S. 72 ff.) widmet dem Verrucano Vorarlbergs und der Schweiz eine eingehende Betrachtung. Im Gegensatz zu F. v. Hauer (s. u.), der für die lombardischen Alpen „den Beweis geführt, dass der Servino sicher, der Verrucano wahrscheinlich den Werfener Schichten der unteren Trias angehört“ (S. 88), betont v. Richthofen für die Nordalpen die Übergänge der roten Quarzkonglomerate in die krystallinen Schiefer, das Fehlen des Servino wie der eigentlichen Werfener Schichten über dem Verrucano und bespricht die Bedeckung, besonders im Westen, durch viel jüngere Gesteine. „Die allmählige Entwickelung der Gesteinsreihe durch Wechsellagerung aus den krystallinischen Schiefern, die ausserordentliche petrographische Ähnlichkeit derselben mit den Grauwackgesteinen im nordöstlichen Tirol, die fast gänzliche Abwesenheit von typischen Gesteinen der Werfener Schichten, das Fehlen irgend einer Spur von Gyps- oder Steinsalzeinlagerungen, die unmittelbare Überlagerung durch obere Trias und jüngere Formationen, endlich auch der gänzliche Mangel an Versteinerungen machen es mehr als wahrscheinlich, dass der Verrucano von Vorarlberg und der Schweiz nicht der unteren Trias, sondern älteren Formationen angehört und dass er vom Verrucano der lombardischen Alpen, falls dieser der genannten Formation angehören sollte, zu unterscheiden ist. Bestätigt sich das Vorkommen von Steinkohlenpflanzen in wahren Verrucanogesteinen der Westalpen, so darf

[1]) Infolge eines Druckfehlers trägt die Seite l. c. die Nummer 160.

man vielleicht damit das Auftreten charakteristischer Sedimente dieser Gesteinsgruppe in den gleichfalls der Steinkohlenformation angehörigen Schichten der Gailthaler Schichten von Kärnthen und Krain in Zusammenhang bringen. Es würde dadurch an Wahrscheinlichkeit gewinnen, dass die Reihe der in den nordöstlichen Alpen so deutlich und mächtig entwickelten paläozoischen Formationen in den Westalpen, wenigstens zum Teil, in dem gleichförmigen Schichtenkomplex des Verrucano zusammengedrängt ist und dass derselbe Küstenbildungen des grossen Meeres bezeichnet, in dessen östlichen tieferen Teilen sich die feineren mechanischen und chemischen Sedimente niederschlugen" (S. 89).

1860. Im Jahre 1860 erschien ein ausführlicherer Bericht: „Über den Kupfer- und Silberbergbau der Mürtschenalp im Kanton Glarus der Schweiz" von G. Tröger (Berg- und hüttenmännische Zeitung, Neunzehnter Jahrgang, Freiberg 1860, S. 305 ff.). Das „Sernfkonglomerat" wird ausführlich beschrieben (S. 306, 307), ohne dass wesentlich Neues gesagt würde, interessant ist bei der Beschreibung der eingeschlossenen Geschiebe, unter denen auch ein dichter grauer Felsit genannt wird, die Angabe: „nicht selten findet man auch in grösserer Höhe, dass die eingeschlossenen Geschiebe selbst wieder Sernfkonglomerat sind, und zwar dasjenige der tieferen Schichten; ein Beweis, dass die Bildung des Gesteins mit längeren Unterbrechungen stattgefunden haben muss" (S. 307). Er hält das Gestein offenbar für eine fluviatile Bildung: er glaubt „eine gewisse Reihenfolge in der Ablagerung des Geschiebes" zu bemerken: „dasselbe ist anfangs klein, wird dann allmählich immer grösser und grösser, bis es ein Maximum erreicht, und endlich nimmt es in derselben Weise wieder ab. Es muss also der das Geschiebe herbeiführende Wasserstrom eine abwechselnde Stärke gehabt haben" (S. 307). Als Wirkung der metamorphischen Umwandlung betrachtet er die Eigentümlichkeit der Grundmasse, die trotz der mechanischen Entstehung des ganzen Gebildes „nicht erdig, sandig oder thonig", sondern „dicht und krystallinisch ist, sodass das Gestein eine bedeutende Härte zeigt . . . Das eingeschlossene Geschiebe wird in der grösseren Gebirgshöhe ganz klein und verschwindet endlich. Das Gestein wird dann thonschieferartig, mit deutlicher Schieferung, die rote Farbe geht nicht selten ins Grauliche, Grüne und Weisse über.

Diese Varietät ist durch Metamorphose so sehr zu einem wirklichen Thonschiefer geworden, dass man sie bisweilen zur Dachbedeckung benützt hat" (S. 307).

Bemerkenswert ist die Altersbestimmung des Gesteins, weil sie eigentlich alle Momente, die für die Frage nach dem Alter des Konglomerats im Glarus in Betracht kommen können, kurz zusammenfasst: „Die Stellung des Sernfkonglomerates in der Reihe der Schichtgesteine ist durch den gänzlichen Mangel an Versteinerungen, der an und für sich durch die stattgefundene Metamorphose sehr leicht erklärlich ist, bisher noch nicht gehörig bestimmt. Die Meinungen darüber sind sehr geteilt. Manche Geologen sehen dies Gestein für Rotliegendes an, manche rechnen es zur Triasgruppe oder selbst zum Jura, noch andere erblicken in demselben ein rein krystallinisches Gestein. Diese verschiedenen Ansichten dürfen keineswegs befremden, wenn man sich daran erinnert, dass alle Vergleichungspunkte zu einer Verwertung für die geologische Zeit fehlen, und jeder seinen eigenen Kombinationen überlassen bleibt. Auch ist anzunehmen, dass in einem solchen Falle, wie der vorliegende, petrographisch ähnliche Gesteine verschiedener geologischer Epochen zusammengefasst und als Eins beurteilt werden.

Nach den Erzvorkommen der Mürtschenalp in Gängen im Sernfkonglomerat und als erzführende Gesteinschichten unmittelbar im Sandstein und Kalkstein über demselben, wie im Folgenden des weiteren angegeben wird, muss man es, wenn man alle Erscheinungen und alle hierher gehörigen Charaktere zusammenfasst, als höchst wahrscheinlich annehmen: das Sernfkonglomerat entspreche dem Rotliegenden und die darüber liegenden Quarzit- und Rauchwackeschichten dem Zechstein, oder überhaupt das Gesamte der permischen Formation. Mag es gewagt erscheinen, den Begriff einzuführen, auch Erzvorkommen zur Deutung des geologischen Alters der Gesteine benutzen zu wollen: man ist dazu genötigt, da man alle Zeugen gegen hartnäckig den Aufschluss verweigernde Gesteine zu Hilfe rufen muss, um sie womöglich vor dem Forum der Wissenschaft zu einer Aufklärung zu zwingen. Und gerade diese Zeugen dürften für die in Rede stehende Formation charakteristisch genannt werden, da noch überall, wo sie in der Umgebung gewisser Erhebungsrichtungen auftritt, in ihr Kupfererze — als wahre Leitmuscheln, um es so auszudrücken — gefunden worden sind. Noch stehen dieser Annahme andere Gründe zur Seite. Auf der oberen Sandalp, nahe beim Tödi, überlagert das Senfkonglomerat einen Schiefer, der dünne Schichten von Anthracit enthält, und welcher der Kohlenformation zugerechnet wird. Ebenso sollen am Comersee, in dessen Nähe das Sernfkonglomerat mit grosser Mächtigkeit wieder auftritt, Versteinerungen gefunden worden sein, welche für ein gleiches Alter sprechen."

1862. Die erste Arbeit, die sich mit den als Verrucano zusammengefassten Gesteinen ausschliesslich vom petrographischen Standpunkt beschäftigt, ist Th. Simmlers Abhandlung: „Über die Petrogenese im allgemeinen und das Bunsensche Gesetz der syntektischen Gesteinsbildung, angewendet auf die Verrucane des Kantons Glarus" (Bern 1862, auch in den Mitteilungen der naturforschenden Gesellschaft in Bern für 1862 erschienen). Simmler geht davon aus, dass die roten Schiefer im Niederenthal nach dem Bützistock und Kärpfstock zu ihre Textur und ihr mattes Äussere vertauschen, krystallinisch glänzend werden und in eine eigentümliche Verflechtung mit einem entschiedenen Gneiss, dem „Alpinit" vom Tödi (Eschers Talkquarzit), der an mehreren Stellen mitten unter den Verrucanen erscheint, treten (S. 21).

Dieser Alpinit — er wendet sich mit Recht auf Grund der Analyse gegen Eschers Bezeichnung Talkquarzit (S. 25) — hat die Zusammensetzung der von Bunsen normal trachytisch benannten Gesteine (S. 31); dieser Umstand spricht für einen pyrogenen Ursprung der Alpinite.

Von allen untersuchten Verrucanen ist ein dunkel violettroter Thonschiefer von Murg (S. 22) der basischste (S. 31); aus diesen beiden Gesteinen, dem eruptiven normal trachytischen und dem neptunischen basischen erklärt er alle Varietäten durch Verschmelzung entstanden; doch kann das „basilitische Endglied" auch ein anderes als der rote Thonschiefer sein (S. 33).

Er kommt zu folgenden Schlüssen:

„1. Der Verrucano des Kantons Glarus ist in zwei bis drei nach Alter und Entstehung ganz verschiedene Formationen zu sondern.

2. Die eine, vorherrschend rote, geschichtete Formation mit normaler Lagerung unter dem Jura gehört aller Wahrscheinlichkeit nach zur Trias, die andere massig schiefrige und krystallinische, ist ein Eruptivgestein, Alpinit (Gneiss).
3. Die innige Verflechtung dieser beiden Formationen, der Übergang von der einen in die andere erklärt sich durch Verschmelzung beider.
4. Infolge dieser Syntexis entstand ein neues Gestein, Verrucano (im engeren Sinne) mit allen Merkmalen der plutonischen Metagenese.

.
.
.
.

6. Der Gneiss mag ursprünglich ein Granit, ähnlich demjenigen Norddeutschlands, gewesen sein, auf welchem sich die rote Triasformation ablagerte. Mehr und mehr rückte bei Auflagerung der folgenden Formationen die Trias mitsamt ihrer Unterlage in die Tiefe; letztere kam wieder zur Schmelzung und dadurch Verschmelzung mit den untersten Sedimentschichten, wobei es unbenommen bleibt, überhitztes Wasser und Zeiträume von Millionen von Jahren mitwirken zu lassen.
7. Nach einzelnen Hebungsbestrebungen in der Jura- und Kreideperiode folgte endlich mitten in der Tertiärzeit das Wiederauftauchen des ehemaligen Granits, jetzt der Textur nach umgewandelt als Alpinit (Gneiss). Die Sedimentärformationen wurden zum Teil aufgerichtet, zum Teil faltig zusammengequetscht, gespalten und aneinander verschoben" . . . (S. 33—35).

Aus dem oft wiederkehrenden Übergang von Gneiss- in Sedimentgesteine in anderen Gebieten und der Regelmässigkeit, mit der fast jedes krystallinische Gebirgsmassiv von „metamorphischen Schiefern begrenzt" wird, folgert er:

„11. Es muss somit als ein allgemeines Gesetz gelten, dass die Centralmassen unserer Alpen verändernd auf die von ihnen aufgerichteten Gesteine gewirkt haben, verändernd in dem Sinne, dass, abgesehen von Reibungsbreccien eine Verschmelzung unter günstigen Bedingungen stattfand. So erklärt sich auch ungezwungen der Übergang krystallinischer in petrefaktenführende Gesteine. Dieses Gesetz lässt sich bezeichnen als dasjenige der »pericentralen Syntexite« oder Mischlingsgesteine" (S. 35, 36).

G. vom Rath (Geognostisch-mineralogische Beobachtungen im Quellgebiete des Rheins, Zeitschrift der Deutschen Geologischen Gesellschaft, XIV, 1862, S. 369 ff.) kann sich nicht entschliessen, eine so gewaltige Lagerungsstörung anzunehmen, wie sie Escher verlangt, vermag aber auch nicht mit Studer dem Verrucano eruptive Natur zuzuschreiben. Studers Ansicht speciell, „welche eine eruptive Bildung der roten Sernfkonglomerate und der Talkquarzite der südlichen Gipfel voraussetzt und deshalb erhebliche Bedenken weckt, kann die Identität jener beiden Bildungen, von denen die erstere von Jura- und Kreideschichten bedeckt wird, die letztere über Nummulitenschichten erscheint, nicht wohl zugeben. Lässt man diese Zusammengehörigkeit der beiden Bildungen, welche, wie mir (G. vom Rath) scheint, A. Escher ohne zwingende Notwendigkeit annimmt, fallen, so verschwindet die grössere Schwierigkeit der Frage. Wie die talkigen Schichten der mittleren und unteren Gehänge zwischen Flims und Trons, so möchte ich auch die analogen Schichten der Kammhöhe für metamorphisch halten" (S. 510). Eigentliche Gründe gegen die Zusammengehörigkeit des liegenden Verrucano und der Talkquarzite, die über dem Flysch liegen, werden nicht vorgebracht: G. v. Raths Anschauung beruht in erster Linie auf dem Wunsche, eine einfachere Erklärung für die Struktur der Glarner Gebirge zu finden. Die Schwierigkeiten, auf die das Studium der Glarner Berge stösst, „spiegeln sich wieder in der bisherigen Auffassung des Schichtenbaues im Glarner Lande; jener gemäss erscheint die Lagerung unerhört, beispiellos, selbst in den Alpen." Die bisherige, auf die Untersuchung Eschers von der Linth gegründete Auffassung durch eine andere weniger unerhörte Erklärungsweise zu ersetzen (S. 489), gelingt allerdings G. v. Rath ebenso wenig, wie Tröger, der einen ähnlichen Versuch in einem der v. Rathschen Abhandlung beigefügten Aufsatz „Über die Lagerung des Sernfkonglomerats" (l. c., S. 520—524) machte. Auf das Verhältnis des Deckenverrucano, zu dem typischen liegenden Verrucano geht er nicht ein; er beschränkt sich auf das Gebiet zwischen Walensee und Sernfthal und ist in diesem Gebiete „der Meinung geworden, dass man es nicht mit einer so ungeheuren Überschiebung — wie sie angenommen werden müsste, wenn hier eine eigentliche Überlagerung der jüngeren Gesteinsschichten durch ältere stattfinden sollte — zu thun habe, sondern dass vielmehr der eocäne Flysch des Kleinthals in einem sehr tiefen Thal den älteren Schichten eingelagert worden sei“ (S. 520). Der leitende Gedanke: „für eine Durchlagerung der Schichten (im Gegensatz zur Anlagerung resp. Einlagerung) muss das Kriterium gelten, dass die darauf lagernde Decke nicht gleichzeitig auch deren Grundlage sein kann, sofern hierbei die Identität der Decke und Grundlage vorausgesetzt wird, und gewaltsame Lagerungsstörungen nicht stattfinden“, wird an den Profilen Schwanden-Murg und Engi-Murg erläutert; der Nachweis für die Voraussetzung, dass „gewaltsame Lagerungsstörungen nicht stattgefunden haben“, ist natürlich nicht zu erbringen und somit der ganze Beweis hinfällig. G. v. Rath sowohl wie Tröger halten das Sernfkonglomerat für permisch resp. Rotliegendes (S. 509 resp. 521).

Mit mehr Glück als gegen die Eschersche Auffassung des Verrucano wendet sich v. Rath gegen Studers Anschauung von dem Zusammenhange der Centralgneisse und der von ihm als „Endungsgesteine der nördlichen Centralmassen“ bezeichneten Verrucano vorkommen (S. 531).

1863. „Gediegen Silber im Sernfkonglomerat (Verrucano) von der Mürschenalp bei Mühlehorn“ erwähnt Wiser, „gediegen Kupfer mit gediegen Silber begleitet von Kupfererzen vom Flumser Berg, Bezirk Sargans“ beschreibt Ch. Tröger: „An grösseren Exemplaren liess sich sehr deutlich erkennen, dass die Kupfermineralien in sehr dünnen Spalten und Trümmern im Sernfkonglomerat aufsetzten.“ (Brief Wisers mit den Angaben Trögers im Neuen Jahrbuch 1863, S. 697.)

1864. Im Jahre 1864 erschien die „geologische Beschreibung der nord-östlichen Gebirge von Graubünden“ (Beiträge zur geologischen Karte der Schweiz II, Bern 1864), von Theobald, die eine 1856 beginnende Reihe von geologischen Aufsätzen (sämtlich in den Jahresberichten der Naturforschenden Gesellschaft Graubündens erschienen) zusammenfasste. Wenn in diesen Arbeiten auch nicht direkt das Gebiet zwischen Rheinthal und Linththal behandelt wird, so sind doch die Gesteine als Fortsetzung der Glarner Gesteine aufzufassen und ihre Beschreibung durch THEOBALD auch für dieses Gebiet wichtig.

Als Basis der fossilführenden Schichten bezeichnet er den Verrucano von dem Calanda (Der Calanda, Jahresbericht der Naturforschenden Gesellschaft Graubündens, Chur 1856, S. 7 ff.) und betrachtet den Verrucano auf Grund der in den Südalpen gefundenen Petrefakten als bunten Sandstein.[1]) Bei der Beschreibung des Thals von Poschiavo (Das Thal von Poschiavo, Jahresbericht der Naturforschenden Gesellschaft Graubündens, Neue Folge, 4. Jahrgang, Vereinsjahr 1857/58, Chur 1859, S. 22 ff.) fällt es ihm auf, „dass das unterste nicht krystalline Sedimentgestein der Triaskalk ist, und dass der sonst im Bündener Gebirge fast überall diesem untergelagerte Verrucano meist fehlt. Fassen wir aber den Talk- und Glimmerschiefer, sowie einen Teil des Gneisses näher ins Auge, so drängt sich uns die Überzeugung auf, dass diese Felsarten eben den Verrucano repräsentieren, welcher durch Metamorphismus halb oder ganz krystallinisch geworden ist und somit teils die untere Trias, teils die noch tieferen Sedimentgesteine vertritt“ (S. 36, 37). Der Aufsatz „das Bündner Münsterthal und seine Umgebung“ (Jahresbericht der Naturforschenden Gesellschaft Graubündens, Neue Folge, 8. Jahrgang, Vereinsjahr 1861/62, Chur 1863, S. 53 ff.) enthält eine etwas allgemeiner gehaltene Auseinandersetzung über Verrucano und betont die fast unmerklichen Übergänge in Casannaschiefer, „der eine metamorphische Form von devonischen und silurischen Gebilden zu sein scheint“, während den oberen sandigen und Konglomeratschichten des Verrucano das Alter des bunten Sandsteins, dem unteren Verrucano ein höheres Alter — „er möchte dem flötzleeren Sandstein beizuordnen sein“ — zugeschrieben wird (S. 60, 61). Die „geologische Beschreibung der nord-östlichen Gebirge von Graubünden endlich (s. o.) geben für den Bündener Verrucano folgende Definition:

---

[1]) Das Citat ist, da mir dieser Band der Graubündener Berichte nicht zugänglich war, dem Referat im Neuen Jahrbuch 1857, S. 727, 728 entnommen.

„Verrucano. Unter diesem Namen hat man seither eine Menge Konglomerate, Sandsteine und Quarzite, teilweise auch Schiefer begriffen, welche zwischen den Mittelbildungen und dem krystallinischen Gestein ihren Platz haben und an ihren unteren Partien in letzteres übergehen. . . . Ein Teil des alpinen Verrucano gehört als bunter Sandstein entschieden der alpinen Trias an, was auch durch Fossilien erwiesen ist, die am Süd- und Nordrand der Alpen vorkommen . . . Anderer Verrucano dagegen ist sicher weit älter und gehört wahrscheinlich in die Zechstein- und Steinkohlenbildung als Rotliegendes und flötzleerer Sandstein, vielleicht noch tiefer in die Grauwackenbildungen“ (S. 43, 44).

Er unterscheidet an der Nordseite des Rhätikon bis nach Tyrol zwischen Guttensteiner Kalk und Glimmerschiefer roten Sandstein, den er mit dem bunten Sandstein vergleicht, der nach oben in rote, thonige und mergelige Sandsteinschiefer (Servino) übergeht, sodann im Strelagebirge, in Davos, Bergün und Engadin etc., eine „Sandstein- und Konglomeratbildung, die auffallend dem Rotliegenden Thüringens gleicht, mit Porphyrdurchbrüchen, und nach oben in Servino, nach unten in grünlich-grauen, auch rotstreifigen „Talkschiefer“ übergeht. Im Münsterthal kommt der Verrucano (Konglomerat) als hangende, sehr mächtige Verrucanoschiefer vor, welche rote oder graue Färbung haben, mit halbkrystallinischem Gefüge, und in den Casannaschiefer übergehen, welcher dann ebenso unmerklich den Übergang in Gneiss macht. Die oberen gelben und roten Schichten sind mit dem echten Verrucano zu parallelisieren. . . . Die grauen, halb krystallinischen, tieferen gehören jedenfalls zu älteren Formationen ähnlich wie der halbkrystallinische Verrucano, bei Ilanz und Trons im Bündener Oberland, der ihm zum Verwechseln ähnlich ist“ (S. 45).

1865. Als permische Bildungen bezeichnet O. Heer (Die Urwelt der Schweiz, Zürich, 1865) das Sernfgestein, für welches er den Namen Serfinit vorschlägt, „eine Gebirgsart, welche wegen ihrer roten Farbe bei uns unter dem Namen des roten Ackersteins bekannt ist. . . . Es ist dieses Sernfgestein sehr ähnlich einer roten Gebirgsart, welche in Sachsen und Thüringen verbreitet und dort als Rotliegendes oder Totliegendes bezeichnet wird“ (S. 35, 36).

Stöhr (Die Kupfererze an der Mürtschenalp und der auf ihnen geführte Bergbau, Neue Denkschriften der allgemeinen schweizerischen Gesellschaft für die gesamten Naturwissenschaften, Band XXI, 1865, Aufsatz 5) will den Verrucano (Sernifit) lieber zum Perm (Rotliegendes), den Vanskalk (Röthikalk) zum Zechstein, als in die Trias stellen (S. 11), betont bei der Beschreibung des Verrucano neben der Lagerung über jüngeren Schichten „seine vielen lokalen Störungen, sein vielfach massiges Auftreten und seine grossartige Zerklüftung“ (S. 10) und beschäftigt sich dann hauptsächlich mit den Erzen, die bald als Lager an der Grenze zwischen Vanskalk und Konglomerat, bald — und dies sind die wichtigsten — in einem Gange auftreten. Die Gangmasse ist ein rötlich oder gelblich-weisser Dolomit, der häufig von dem grauen Gebirge begleitet oder vertreten wird. Das graue Gebirge ist eine Reibungsbreccie von Sernifit-Konglomerat, die immer Dolomit enthält und stets grau oder grünlich ist (S. 14—17).

In Werken, die sich nicht ausschliesslich mit der Schweiz beschäftigen, ist während eines langen Zeitraumes sehr oft der Verrucano von Glarus und Graubünden in seiner ganzen Mächtigkeit oder doch zu seinem grössten Teile als bunter Sandstein oder untere Trias bezeichnet. So schreibt, um einige Beispiele anzuführen, Karl Vogt in seinem „Lehrbuch der Geologie und Petrefaktenkunde“ (zweite Auflage, Braunschweig, 1854): „Trias in den Alpen: An der Basis der Schichten tritt überall der bunte Sandstein hervor. . . . Man hat diese Sandsteine, Konglomerate und Thonschiefer, die oft ein fleckiges und flammiges Ansehen haben, mit dem Namen des Verrucano bezeichnet — eine Bezeichnung, die indessen mehr eine mineralogische als eine geologische ist, indem solche Gesteine, welche aus der Zerstörung der früheren Oberfläche hervorgegangen sind, an der Basis verschiedener Formationen in den Alpen vorkommen und nur dann einen sicheren Anhaltspunkt für ihre Einreihung in die geologische Formation gewähren, wenn die Schichtenfolge unzweifelhaft ist oder Versteinerungen sich zeigen etc.“ (I, S. 381).

Desor (der Gebirgsbau der Alpen, Wiesbaden, 1865) vergleicht weitaus den grössten Teil des Schweizer Verrucano, spec. die Gesteine vom Wallenstädter See, Vorarlberg und Graubünden mit dem Werfener Schiefer und stellt sie zum bunten Sandstein

(S. 49, 50); als vielleicht permisch bezeichnet er mit grosser Zurückhaltung den „Talkquarzit" aus dem östlichen Graubünden.

Die „Geologische Karte von Deutschland" von v. DECHEN (1869) bezeichnet die Verrucanogesteine der Glarner Doppelfalte völlig als bunten Sandstein.

Es beruhen alle diese Bestimmungen wesentlich auf den Arbeiten der österreichischen und italienischen Geologen in den **Südalpen**, sowie den Untersuchungen v. GÜMBELS in den **Nordalpen**.

ESCHER und STUDER lassen es unentschieden, ob die Konglomerate und roten Sandsteine der „südlichen Nebenzone" als „ältere Trias — oder als paläozoische Bildungen zu betrachten" sind (Geologie der Schweiz, I, S. 348, 355, 445). ESCHER trennt einen roten Sandstein, den er nach Petrefakten zum bunten Sandstein stellt, von dem darunter liegenden Verrucanokonglomerat, über dessen Alter er sich nicht ausspricht. (Nachtrag über die Trias in der Lombardei in „Geologische Bemerkungen über den nördlichen Vorarlberg und einige angrenzende Gegenden", Neue Denkschriften der allgemeinen schweiz. Gesellschaft für die gesamten Naturwissenschaften, Zürich XIII, 1853, S. 77—114 passim und Tabelle); zu ähnlichen Resultaten kommt CURIONI (Sulla successione normale dei diversi membri del terreno triasico nella Lombardia, Giornale d. I. R. Ist. Lombarde Nuov. Ser. Fasc. 39—41, 1855, S. 204 ff.) der ebenfalls den roten Sandstein unbestimmten Alters (Verrucano) von den thonigen Schiefern (Servino), in die er nach oben übergeht, trennt und den letzteren dem roten Sandstein zuweist.

OMBONI (Série des terrains sédimentaires de la Lombardie, Bull. de la Soc. Géol. franç., Série 2, tome XII, 1854/55, Paris 1855, S. 519 ff.) unterscheidet Grès vert et rouge, den er dem bunten Sandstein, und Grès rouge et conglomerat stéatiteux (verrucano), den er dem unteren Perm zuweist (S. 528—530, vergl. über Verrucano auch die Anm. auf S. 529—530).

Die Zurechnung des alpinen Verrucano zum bunten Sandstein in den Südalpen behandelt am ausführlichsten F. v. HAUER (Erläuterungen zu einer geologischen Übersichtskarte der Schichtgebilde der Lombardei, Jahrbuch der k. k. Reichsanstalt, Jahrgang IX, Wien 1858, S. 445 ff.) mit einer Litteraturzusammenstellung (S. 446—453). Der Zugehörigkeit des „Verrucano, Servino und Werfener Schichten" zur „unteren Trias" bespricht er auf S. 456—462. Als Verrucano bezeichnet er „die roten Quarzkonglomerate in den Bergamasker Thälern" die auf wahrscheinlich zur Karbonformation gehörendem Thonschiefer liegen, als „Servino" „glimmerige Schiefer", die das Hangende der Konglomerate und Sandsteine bilden (S. 457). Durch Petrefakten, besonders Myacites Fassaensis, weist er nach, „dass der sogenannte Servino der lombardischen Alpen in der That ein Äquivalent der Werfener Schiefer und demnach ein Glied der unteren Triasformation bildet. Der eigentliche Verrucano erscheint zwar stets unter dem Servino, ist aber durch Wechsellagerung an der Grenze mit ihm stets innig verbunden. Dieser Umstand, sowie das ... Vorkommen der Naticella costata am Monte Ponteranica, scheint mir die Einreihung auch des Verrucanokonglomerats in die Triasformation vorläufig wenigstens zu rechtfertigen, umsomehr, als mir kein haltbarer Grund vorzuliegen scheint, welcher veranlassen könnte, ihn mit einer anderen Formation zu verbinden" (S. 462).

F. von Richthofen (Geognostische Beschreibung der Umgegend von Predazzo etc., Gotha, 1860) stellt gleichfalls die tiefsten Glieder der Sedimentärformationen Südtirols, die er „Grödner Sandstein" nennt, zur unteren Trias (S. 44); er betrachtet ihn als „Tuffbildung des Porphyrs" (S. 47 ff., 128).

In durchaus analoger Weise entwickelten sich in diesem Zeitraum die Anschauungen über die entsprechenden Gesteine der **nördlichen Ostalpen.**

A. von Morlot (Erläuterungen zur geologischen Übersichtskarte der nordöstlichen Alpen, Wien, 1847) fasst unter der Bezeichnung »roter Sandstein«, „rote Schiefer von Werfen nach Lill von Lilienbach,[1] Melsformation Kefersteins, Sernfkonglomerat und Sernfschiefer und Zwischenbildung von Studer und Escher, Poudingue de Valorsine. — Rotliegendes?" zusammen. Er erwähnt die petrographische Ähnlichkeit eines Teiles dieser Gebilde mit dem deutschen Rotliegenden, spricht sich aber über das Alter dieser Gebilde nicht bestimmt aus (S. 127—129).

---

[1] Vergl. Lill von Lilienbach. Ein Durchschnitt aus den Alpen, mit Hindeutungen auf die Karpathen. Jahrbuch für Mineralogie etc., herausgegeben von Leonhard und Bronn, Heidelberg 1830, S. 153 ff., spec. S. 157—158, 169—170 etc.

F. v. Hauer (Über die geognostischen Verhältnisse des Nordabhanges der nordöstlichen Alpen zwischen Wien und Salzburg, Jahrbuch der k. k. geol. Reichsanstalt I, 1850, S. 17 ff. mit vollständiger Litteraturzusammenstellung) bezeichnet als „roten Sandstein“ Sandsteine und Konglomerate an der Grenze zwischen den „Grauwackeschichten“ und dem „Alpenkalk“ zum Teil entsprechend den von Lill Schiefer von Werfen“ genannten Gebilden. „In der Schweiz sollen Kefersteins Melsformation, Studers und Eschers Sernfschiefer und Sernfkonglomerate, dann die Poudingues de Valorsine nach Morlot hierher gehören“ (S. 32). In einer Tabelle (S. 59) wird dieser rote Sandstein als Schiefer von Werfen zusammen mit dem „roten Sandstein“ in den Südalpen (Fuchs) als „bunter Sandstein“ bezeichnet (vergl. auch F. von Hauer: „über die Gliederung der geschichteten Gebirgsbildungen in den östlichen Alpen und Karpathen“, Sitzungsberichte der k. Akademie der Wissenschaften, Wien 1850, I, S. 274 ff.).

In seiner Abhandlung „Über die Gliederung der Trias-, Lias- und Juragebilde in den nordöstlichen Alpen“ (Verhandlungen der k. k. geolog. Reichsanstalt IV, 1853, S. 715 ff.) schiebt v. Hauer zwischen „Grauwacke“ und „Werfener Schiefer (bunter Sandstein)“ ein von Suess und Lippold aufgefundenes, bei Schladming im Ennsthale und weiter westlich verbreitetes „Quarzkonglomerat“ ein, „das wahrscheinlich dem Verrucano entspricht“ (S. 716, 717). Demgemäss erscheint auch auf der Tabelle (S. 784) Verrucano als Liegendes der Trias, spec. der Werfener Schiefer.

Von weittragender Bedeutung für die Frage nach dem Alter des Verrucano in den nördlichen Ostalpen waren eine Reihe von Aufsätzen, die in diesen Jahren v. Gümbel veröffentlichte (Jahrbuch der k. k. Reichsanstalt 1856, Bavaria 1860 etc.) und deren Resultate er in seinem Werke „Geognostische Beschreibung des bayerischen Alpengebirges und seines Vorlandes“ (Gotha 1861) zusammenfasste. (Litteratur l. c., S. 153, 154). Dem dünnschiefrigen Sandsteinschiefer, dem im bunten Sandstein der bayerischen Alpen herrschenden Gestein, „gesellt sich meist in den tieferen Lagen ein Konglomerat bei, ähnlich demjenigen der Kohlenformation und unter der verallgemeinerten Bezeichnung Verrucano häufig, wie es scheint, mit letzterem verwechselt“ (bayerisches Alpengebirge, S. 118). Mit Rücksicht auf den oben besprochenen Aufsatz von F. v. Richthofen aus dem Jahre 1859 sagt er: „Bezüglich einer mit den roten Schichten vorkommenden Konglomeratbildung (Verrucano ESCHERS und STUDERS) ist der Zweifel über ihre Zugehörigkeit zu diesem Schichtenkomplexe (den roten Sandsteingebilden von Werfen und Berchtesgaden) und zur Formation des Buntsandsteins bis in die neueste Zeit unbeseitigt geblieben. Die stete Verbindung mit echten Buntsandsteinschichten vom Rheinthale bis zur Salzach, namentlich die Wechsellagerung mit letzteren, welche so deutlich am Fusse der hohen Salve gegen Söll und am Südfusse des Wildenkaisergebirges ausgesprochen ist, sind jedoch so gewichtige Gründe für ihre Einreihung in die Buntsandsteinformation, dass dagegen ihre Versteinerungsleere und die eigentümlichen Veränderungen, die sie bei Kitzbüchel erleiden, nicht ins Gewicht fallen, um so weniger, wenn man bemerkt, dass gerade in derselben Gegend auch der Buntsandstein und Muschelkalk einen veränderten Typus annehmen. Ich habe kein Bedenken, so weit dieser Verrucano in den Ostalpen vorkommt, ihn für ein Glied des Alpenbuntsandsteins zu halten" (S. 156, 157).

1868. Von einschneidender Bedeutung für die Auffassung der bunten Sandsteine und Konglomerate an der Basis der Trias waren die Untersuchungen von ED. SUESS in den Südalpen (Über die Äquivalente des Rotliegenden in den Südalpen, Sitzungsberichte der Math. Nat. Klasse der Kais. Akademie der Wissenschaften, LVII. Band, I. Abteil., Wien, 1868, S. 230 ff., S. 763 ff., ferner L. J. 1868, Brief, S. 329 ff.) Er wies durch Lagerung und petrographische Beschaffenheit Gesteine der unteren Dyas in weiter Erstreckung in den Alpen nach und trat für eine Zweiteilung der hier in Frage kommenden Gesteine in den höheren Grödener Sandstein und das tiefere Verrucanokonglomerat ein, ähnlich, wie sie THEOBALD in Graubünden durchgeführt hatte. Die Versuche, den Grödener Sandstein oder gar den Verrucano in die Werfener Schichten auf Grund von Petrefaktenfunden einzubeziehen, lehnt er ab, da diese Funde, soweit sie sich auf tiefere Lagen beziehen, zu sehr lebhaften Bedenken Veranlassung geben, die sicher für Buntsandstein sprechenden Reste aber nur in den höchsten Lagen des roten Sandsteins gefunden wurden. Demgemäss lässt SUESS für den Grödener Sandstein v. RICHTHOFENS die Frage nach der Zugehörigkeit zur Dyas oder Trias noch offen, stellt aber den Verrucano, Talkquarzit und den Porphyr Südtirols zum Rotliegenden (l. c. passim, spec. S. 800—805). Den Begriff Verrucano beschränkt SUESS auf die oft „talkreichen Konglomerate", die mit dem Quarzporphyr oder ihn ersetzend unter dem Grödener Sandstein liegen (L. J. 1868, S. 330).

1869. Im folgenden Jahre fand SUESS eine wichtige Bestätigung seiner Ansicht: er entdeckte an der Colombina im Val Trompia eine Flora, die unzweideutig dem Rotliegenden angehört (Über das Rotliegende im Val Trompia, Sitzungsbericht der Math. Nat. Klasse der Kais. Akademie der Wissenschaften, LVII. Band, I. Abt., Wien, 1869, S. 107 ff.). Der Quarzporphyr der Colombina entspricht vollkommen der Porphyrdecke von Botzen. „Der ohne Zweifel demselben Gebirgsgliede zuzurechnende Wechsel von Breccien, Tuff, Thonschiefer und Wetzschiefer, auf den nach oben abermals Breccie folgt, welche allmählich in die grosse Masse des roten Verrucano übergeht, enthält aber in schiefrig-sandigen Zwischenlagen eine Flora, welche die letzten Zweifel über das Alter dieser Bildungen entfernt" (S. 116). Nach Bestimmungen von H. B. GEINITZ sind diese Pflanzen charakteristisch für Rotliegendes (S. 116, 117). Typischer Verrucano ist nach diesem Aufsatz von SUESS „ein rotes Konglomerat von Geröllen krystallinischer Felsarten mit zahlreichen Geröllen von weissem Quarz" (S. 115).

1867—1869. Zwei Arbeiten THEOBALDS „Der Brigelser Stock" (Jahresbericht der Naturforschenden Gesellschaft Graubündens, Neue Folge, XIII. Jahrgang, Vereinsjahr 1867/68, Chur 1868, S. 112 ff.) und „Der Kistenpass" (l. c. XIV. Jahrgang, Vereinsjahr 1868/69, Chur 1869) beschäftigen sich mit Gebieten, die zur Glarner Doppelfalte gehören. Hervorzuheben ist in der ersten Arbeit „der Brigelser Stock", THEOBALDS Anschauung, dass der tiefere Verrucano den Casannaschiefer vertritt, richtiger ausgedrückt, dass im Vorderrheinthal eine Scheidung zwischen Verrucano und dem liegenden Casannaschiefer nicht möglich ist: „In ihrer ganzen Länge von Ruiz bis Trons besteht die hohe Thalstufe" (im Vorderrheinthal), „auf welcher Waltensburg, Brigels und Schlans liegen, aus der sehr vielgestaltigen Felsart, die man Verrucano genannt hat, und die in ihren obersten Schichten den bunten Sandstein, in den weiter abwärts folgenden das deutsche Rotliegende und in den untersten, wo sie in gneiss- und glimmerschieferartiges Gestein übergeht, verschiedene andere paläozoische Bildungen repräsentiert und dem Casannaschiefer oder Phyllit entspricht, welcher in dem östlichen Teil der rhätischen Alpen solche metamorphisch-paläozoische Formen darstellt. Bei Ilanz, Tavanasa und Trons, auch noch meist oben bei Waltensburg und Brigels gehört der Verrucano der letzteren Gesteinsform an. Er ist ein halbkrystallinisches Gestein, teils dünnschiefrig, teils in dickeren Bänken gelagert, grau, graugrün, rötlichgrau, die schiefrigen Abänderungen seideglänzend, die dickgeschichteten meist grobkörnig im Bruch. Die Schiefer schwanken zwischen Talkschiefer, Glimmerschiefer und Thonschiefer, auch Chlorit ist zum Teil reichlich eingemengt, die dicken Schichten bestehen vorherrschend aus Quarzkörnern, Feldspatteilen, Glimmerblättchen, Talk- und Chloritschüppchen und je nachdem die Umwandlung fortgeschritten ist, nähert sich dieses Gemeng entweder einem Gneiss oder einem Sandstein, und wenn es grobkörnig ist, namentlich viel Quarzfragmente enthält, einem Konglomerat, das an das Rotliegende erinnert. — Mitunter sind letzterem ganze Brocken von Gneiss, Granit (doch kein Puntaigliasgranit), rotem Jaspis u. dergl. beigemengt, aus deren Verwitterungsprodukten sich die Felsart ursprünglich gebildet hat. Zahlreiche weisse Quarzschnüre durchziehen den Verrucano nach allen Richtungen und geben ihm bedeutende Festigkeit, die ihn zu Bau- und Mühlsteinen etc. eignet, auch findet man nicht selten Pistazit in den unteren Schichten, sowohl eingewachsen als in grünen Schnüren das Gestein durchziehend" (S. 117). Nach seiner Auffassung ist die „Grundlage des Gebirges, der Verrucano" „zu hohen Rücken und tiefen Mulden verbogen. . . . Die Ursache dieser Faltungen ist wenigstens hier die Erhebung der Granite, Syenite und Diorite von Puntaiglas und Frisal. Die Kalkformationen sind in diese Mulden eingelagert und bilden daher selbst Mulden, zusammengefaltete Stücke der Kalkdecke, welche ehemals auf dem Verrucano lag. Da sie schief einfallen, so kommt auf der Südseite der jedesmaligen Mulde der Verrucano auf den Kalk und die Formationen liegen in verkehrter Ordnung, die unterste zu oberst bis zur mittelsten, welche auf sich selbst zurückgebogen ist. Von dieser an abwärts folgen dieselben Formationen, die vorher verkehrt lagen, in normaler Reihe und der Verrucano liegt zu unterst, wohin er gehört. Gegen den Bifertenstock und Tödi, also nordwestlich von Frisal und Puntaiglias sowie am Limmernboden wird die Lagerung normal und die Faltungen gleichen sich mehr aus.

Dagegen nehmen die abnormen Verhältnisse, Überlagerungen der jüngeren von den älteren Formationen, namentlich die Auflagerung des Verrucano und eines Kalkbandes, auf Bergspitzen, die aus Eocängebilden bestehen, nördlich und nordöstlich von Frisal und vom Brigelser Stock an Bedeutung zu."

„Diese Unregelmässigkeiten beginnen am Piz da Dartjes, westlich vom Kistenstock und nordwestlich von Frisal. Hier liegt oben auf der Spitze eine etwa 100′ mächtige Kuppe von Verrucano, ringsum abgegrenzt, ohne Zusammenhang mit ähnlichem Gestein, auf Röthikalk. Unter diesem folgt Lias, dann ein graues Kalkband von etwa 20—30′, dessen obere Schichten derselbe Jurakalk sind, welchen wir in dieser Lage am Brigelser Horn trafen, die unteren gehören vielleicht zur Kreide, die aber dann hier sehr stark zerdrückt sein müsste. Unter diesem Kalkband liegt Eocängestein mit vielen Nummuliten, dann die Kreideformation in normaler Ordnung: Seewer Kalk, Gault, Schrattenkalk u. s. w. Diese Lagerung, welche mit den Kalkmulden am Brigelser Stock viel Analoges hat, wäre als vereinzelter Fall eben nichts besonders Auffallendes, wenn man annähme, dass sie ein Stück von einer durch Felsbruch und Erosion zerstörten Mulde sei; aber weiter östlich und nördlich kommen dieselben Überlagerungen am Vorab etc. bis nahe zum Wallenstädter See und in den Glarner Freibergen vor, wo sie sich meilenweit ausdehnen und wo diese Erklärungsweise grosse Schwierigkeiten hat" (S. 146—148).

Auch die zweite Abhandlung „der Kistenpass" beschäftigt sich viel mit der Überlagerung des Verrucano, bietet jedoch hauptsächlich Detailstudien.

1869. Die zweite Auflage der „Geologischen Karte der Schweiz" von B. Studer und A. Escher (Winterthur, 1869), zeigt gegenüber der Reduktion der ersten für das Gebiet zwischen Rheinthal und Vorderrhein einen sehr wichtigen Unterschied: die Gesteine des Vorderrheinthals bis zur Höhe der Glarner Pässe sind wieder als Verrucano bezeichnet. Die Studerschen Erläuterungen zu dieser

Karte (Winterthur, 1869) stellen bezeichnenderweise den Verrucano nicht zu den Sedimentbildungen, auch nicht zu den „Sedimenten von unbestimmtem Alter", sondern zu den „Felsarten"; STUDER konnte eben bis zu seinem Ende den Verrucano nicht als normales Formationsglied anerkennen und giebt deshalb dem Begriff „Verrucano" auch eine petrographische Bedeutung. Charakteristisch ist in dieser Beziehung der Vergleich mit der Nagelfluh: „Wie man aber auch urteilen mag, so verdient eine so mächtig auftretende eigentümliche Felsart besonders hervorgehoben zu werden: wie ja auch die Nagelfluh von der gleich alten Molasse unterschieden worden ist." Für die Altersbestimmung bedient er sich der Verbindung mit resp. der Lagerung über Anthracitbildungen, um ihn im allgemeinen mit Rotliegendem zu parallelisieren: „die enge Verbindung des Verrucano und Quarzit mit der Steinkohlenbildung, die auch dem Rotliegenden zukommt, sowie die im Verrucano von Unter-Wallis, vom Val Trompia und in Toskana gefundenen Steinkohlenpflanzen, geben demselben noch vermehrte Unterstützung. . . . Ob übrigens Alles, was auf der Karte die Farbe des Verrucano trägt, der nämlichen Formation angehört, ob nicht die Werfener Schiefer ebenfalls repräsentiert seien, mag einstweilen unbestimmt bleiben" (S. 24).

1871. Mittelbar von grösster Bedeutung für die Auffassung des Verrucano ist ein Aufsatz von HEIM: „Notizen aus den geologischen Untersuchungen für das Blatt XIV der eidg. Karte" (Vierteljahresschrift der Naturforschenden Gesellschaft in Zürich, 1871, S. 241 ff.). In dieser Arbeit ist zum erstenmale ein „Schema dieser sonderbaren Gebirgsmassen zwischen den Querthälern von Reuss und Rhein" gegeben, das seiner hervorragenden Wichtigkeit wegen im Wortlaut folgen möge: „Rings um das, unter dem Tödi steilen Abfall annehmende Ende des Finsteraarmassives herum bilden nun in weitem Bogen die Sedimente und zum Teil die halbkrystallinischen Massen eine gewaltige Doppelschlinge. Der Nordflügel derselben hat seine Basis auf einer schwach geschwungenen Linie, die im oberen Teil des Walensees beginnt, und südlich unter dem Mürtschenstock, Glärnisch, Ortstock, Schächenthaler Windgälle sich vielleicht bis über die Surenen hinzieht. Am weitesten südlich übergelegt ist sie in den Gipfeln von den Grauen Hörnern, dem Foostock, dem Kärpfstock, dem

Griesstock. Die Gipfel dieser Berge bestehen aus Verrucano und älteren Sedimenten, der Fuss besteht aus eocäenen Schiefern und Nummulitenkalken. Die Südfalte, die in der Gegend von Ragatz der Nordfalte die Hand bietet, hat im weiteren ihre Basis auf einer Linie, die ziemlich gerade von Tamins sich an die Südwände der Brigelserhörner zieht. Am weitesten nördlich übergelegt ist sie im Ringelkopf, Sardona, Vorab, Hausstock,[1] Piz Dartjes und löst sich in den Brigelserhörnern und zum Teil schon im Piz Dartjes in mehrere auf, die in dieser Hörnergruppe mit der Südhälfte des gegabelten Endes des Centralmassivs verschmelzen. Da — unmittelbar südlich vom Ende des Finsteraarmassivs — bricht der Südflügel nach seiner Zerteilung ab. Dafür aber beginnt in den Gehängen der Baumgartenalpen und im Grat der Clariden eine neue ähnlich gebildete Falte. Sie entsteht zwischen dem Massiv und der ununterbrochenen Nordfalte der grossen Doppelschlinge zuerst in Gestalt mehrerer kleiner Falten, dann entwickelt sie sich weiter östlich im Scheerhorn-Windgällenkamm zu einer grossen, nördlich übergelegten Falte. Ähnlich wie über dem Richetlipass der Faltenrücken des Nordflügels denjenigen des Südflügels fast berührt, so berührt er im Griesstock nördlich vom Scheerhorn nahezu den nach Nord konvexen der Scheerhorn-Windgällenfalte. Der Gipfel der kleinen Windgälle ist mit krystallinischem Gebirge gekrönt ganz ähnlich wie der Piz Dartjes, der Hausstock etc. Die Falte der Windgällen aber ist nicht so weit ausgreifend, darum auch finden wir an derselben die Formationen alle in fast normaler Mächtigkeit, während in der Hausstock-Ringelkopfkette und in der Kärpf-Grauhörnerkette dieselben meist auf dünne Bänke ausgezogen worden sind. Sonst ist die Analogie der Windgällendislokationen mit denjenigen der Piz Dartjes-Ringelkopfkette eine solche, dass er vielleicht einen genetischen, einen tieferen Sinn haben darf, als denjenigen der veranschaulichenden Darstellung, wenn wir sagen, beim Ende des Finsteraarmassivs setzt die Südhälfte der Doppelschlinge auf dessen

---

[1] Der Hausstock wird später von Heim als äusserstes, nach Süden vorgeschobenes Glied der Nordfalte erkannt, vergl. Heim, Atlas zu den Untersuchungen über den Mechanismus der Gebirgsbildung, Tafel II (Geologische Karte der Gebirgsfalten zwischen Walensee und Vorderrhein), Tafel VII Profil XIII, sowie Text I, S. 133, 164 etc.

Nordseite über, und setzt dort westlich fort, vielleicht so weit als die Nordhälfte[1] selbst" (S. 243—245).

Wichtig in dieser Arbeit ist ferner die Beschreibung der Kohlenschiefer vom Bifertengrätli, auf die an anderer Stelle eingegangen werden soll, sowie die Erkenntnis, dass ein Zusammenhang zwischen krystallinen Schiefern und Porphyr einerseits, verrucanoähnlichen Gesteinen andererseits bestehe. In welcher Weise dieser Zusammenhang zu deuten sei, wird nicht bestimmt gesagt, sondern nur aus den Beziehungen der Alpenoverplatten zu den krystallinischen Massen des Maderanerthals und dem Windgällenporphyr, bei dem die Möglichkeit nichteruptiver Natur zugelassen wird (S. 252, 253), sowie aus Beobachtungen im Tobel des Kreuzbaches bei Vättis im Kalfeuserthal (S. 259, 260) gefolgert „dass manche sogenannte Verrucano-, Casanna- etc. Schiefer durch Biegung, überhaupt durch mechanische Vorgänge veränderte ganz krystalline Schiefer sind" (S. 252).

1872. Etwas weiteren Spielraum als in seinen früheren Werken lässt Studer den Sammelbegriff Verrucano in seinem „Index der Petrographie und Stratigraphie der Schweiz und ihrer Umgebungen" (Bern, 1872, S. 250—252). Nach seinem Auftreten am M. di Torri bei Jano (Toskana) „kommt dem Verrucano die Stelle des Rotliegenden, wenn nicht eines Konglomerats der Steinkohlenbildung selbst, zu" (S. 251), auch bei dem Walliser Verrucano „bleibt man ungewiss, ob er als dem Anthracitsandstein ein- oder aufgelagert zu betrachten sei" (S. 251). Auffallend ist die Bemerkung über den Glarner Verrucano: „Schon v. Buch (1809) glaubte das Rotliegende in ihm zu erkennen und erwartete, wie in Thüringen, den roten Porphyr unter ihm hervortreten zu sehen. Buckland und neuere Geologen sind dieser Ansicht beigetreten. Aber weder Porphyr noch Steinkohlengebirge, werden sichtbar, und, im Vorderrheinthal, geht die Steinart allmählich in Gneiss über" (S. 252).

---

[1] „Der Nordflügel und der erste Teil des Südflügels der enormen Schlinge sind von Herrn Prof. Escher von der Linth und seinem Vater entdeckt, und dann von ersterem und Herrn Prof. Theobald genauer untersucht worden. Die Falte aber, zwischen dem ununterbrochen fortgesetzten Nordflügel und dem Centralmassiv, die ich (Heim) fast geneigt bin, als durch Unterbruch getrennte Fortsetzung des Südflügels aufzufassen, war bisher nicht bekannt." (Heim, Notizen aus den geol. Untersuchungen der eidg. Karte. Zürich, 1871, S. 245.)

1872/73. In den Jahren 1872 und 1873 erschienen zwei Arbeiten von E. v. Mojsisovics, die mittelbar auf die Altersbestimmung des Verrucano grossen Einfluss geübt haben. Er findet zunächst (Beiträge zur Altersbestimmung einiger Schiefer- und Kalkformationen der östlichen Schweizer Alpen, Verhandlungen der k. k. geologischen Reichsanstalt, Wien, 1872, S. 264 ff.) „den Quartenschiefer, welcher den Röthikalk bedeckt, völlig übereinstimmend mit den den Muschelkalk im westlichen Rhätikon unmittelbar unterteufenden, obersten schiefrigen Lagen des Verrucano. Auf den Quartenschiefer folgt im Gebirge südlich vom Walensee unterer Lias . . . Von der Deutung, welche der Verrucano erfährt, hängt es daher ab, ob man im Westen des Rhein (in den St. Gallener und Glarner Bergen) noch von einer Triasbildung vom Alter des Buntsandstein sprechen darf oder nicht. Die sicheren jüngeren Triasbildungen, von Muschelkalk inkl. angefangen, setzen nicht über den Rhein herüber" . . . (S. 265). Er konstatiert ferner (Der Rhätikon [Vorarlberg], Abschnitt 3 der „Beiträge zur topischen Geologie der Alpen" Jahrbuch der k. k. geologischen Reichsanstalt XXIII. Band, Wien, 1873, S. 137 ff.), dass im Saminathal in Liechtenstein in der Nähe der Gaphalalp die obersten Abteilungen des Verrucano von kirschroten Schiefern gebildet werden, die mit Eschers Quartenschiefer identisch sind; sie „verweisen den darunter liegenden Röthikalk der Schweizer Alpen . . . in die Gruppe der Verrucanogesteine, wohin Studer auch stets den Röthikalk gestellt hatte. Wenn man mit der Mehrzahl der alpinen Schriftsteller den Verrucano als dem Rotliegenden entsprechend betrachtet, könnte man im Röthikalk ein alpines Äquivalent des Zechstein vermuten" (S. 153).

1873. Baltzer (der Glärnisch, ein Problem alpinen Gebirgsbaues, Zürich, 1873) bezeichnet den Sernifit „nach Analogie italienischer Verrucanen" als Rotliegendes, vielleicht auch als „Konglomerat der Steinkohlenformation. „Jedenfalls begreift der Sernifit, wie schon die stark abweichenden Varietäten zeigen, Verschiedenartiges in sich" (S. 20). Vom Glärnisch selbst betont er das Fehlen eigentlicher grober Breccien, der Verrucano ist hier, besonders in der Guppenruns, „durch schiefrige, rote schuppig-krystallinische Sernifite mit Glimmer, Quarz etc. vertreten" (S. 20).

Das genetische Verhältnis klastischer und eruptiver Gesteine behandelt ALB. MÜLLER in seiner Abhandlung „Über Gesteinsmetamorphismus" (Verhandlungen der Naturforschenden Gesellschaft in Basel, Fünfter Teil, Band 1873, S. 618 ff.); bei der Besprechung der verschiedenen Arten von Gesteinsmetamorphismus bemerkt er: „Ebenso konnten gröbere oder feinere breccienartige Sandsteine und Konglomerate, wie die der Grauwacke und des Rotliegenden, wozu ich auch unsere Sernifitgesteine rechne, durch Infiltration von Kiesel- und Feldspatsubstanz in granitartige Gesteine übergeführt werden" (Anm. S. 639).

1876. In seinen „Beiträgen zur Geognosie der Schweizer Alpen I. Ein Beitrag zur Kenntnis der Glarnerschlinge" (Neues Jahrbuch für Min., 1876, S. 118 ff.) erläutert BALTZER an der Hand eines Profils durch das ganze Gebiet die Richtigkeit der mechanischen Hypothese im Gegensatz zu der vulkanischen und der metamorphischen. „Die Beziehung der Doppelschlinge zu den in den Alpen so gewöhnlichen C- und S-förmigen Schichtenkrümmungen ist eine einfache." Es „. . . lässt sich die Schlinge betrachten als zusammengesetzt aus zwei mit der konvexen Seite gegeneinander gerichteten C-förmigen Biegungen, welche aber unten normal verbunden sind und sich die Hand reichen. Oder sie stellt, wenn man will, die Kombination zweier S-förmiger, einander gegenüberstehender Biegungen dar" (S. 119). Am Schlusse seiner Abhandlung wendet er sich aus geologischen und petrographischen Gründen gegen die von v. RATH wieder aufgenommene metamorphische Hypothese, d. h. gegen die Auffassung des Deckenverrucano als metamorphes Eocän (S. 132—134).

1878. Das Hauptwerk über das Gebiet zwischen Rhein- und Reussthal erschien 1878: „Untersuchungen über den Mechanismus der Gebirgsbildung in Anschluss an die geologische Monographie der Tödi-Windgällen-Gruppe" von ALBERT HEIM (2 Bände mit einem Atlas, Basel, 1878). Es ist unmöglich, alle auf den Verrucano bezüglichen Beobachtungen und Schlüsse, die dieses Werk enthält, auch nur andeutungsweise wiederzugeben; es muss genügen, die für die Auffassung des Verrucano charakteristischsten Stellen anzuführen.

Heim stellt den Verrucano zu den Sedimenten, will aber „mit der Gegenüberstellung von krystallinischen Gesteinen der Centralmassive und Sedimenten mehr einen natürlichen Unterschied in der Erscheinung in unseren Gebieten, als einen durchgreifenden genetischen Unterschied bezeichnen. . . . Unsere Untersuchungen selbst werden dazu beitragen, die Grenze zu verwischen, indem der sedimentäre Verrucano und der Kohlenschiefer sich bald mehr wie die eine, bald mehr wie die andere Gesteinsgruppe verhalten. . . . Zwischen den echten krystallinischen Schiefern und den Sedimenten ist, wie bemerkt, die Grenze — wahrscheinlich durch mechanische Metamorphose — verwischt. Die Verrucanogesteine sind mit den Gesteinen des Centralmassivs durch Zwischenglieder und auch stellenweise durch gleiche Lagerung verbunden. Die ältesten Gesteine unseres Gebietes, für deren sedimentäre Natur wir unzweideutige Beweise haben, sind der Verrucano und die Anthracitgesteine.

In seinen zahlreichen Abänderungen von den talkgneissähnlichen bis zu den konglomeratischen, kalkhaltigen gehört der Verrucano jedenfalls verschiedenen Formationen an. Er ist in unserem Teile der Alpen der Vertreter der paläozoischen Bildungen. Der Verrucano im engeren Sinne, welcher über der Steinkohle liegen sollte, lässt sich an vielen Lokalitäten nicht abtrennen. Die tieferen Verrucanolagen sind im Gefüge ein halbkrystallinisches Gestein, teils dünnschiefrig, teils in dickeren Bänken gelagert, hell- oder dunkelgrau, grün, violett, rötlich, in feinschiefrigen Abänderungen seideglänzend, in dickgeschichteten meist von grobkörnigem Bruche. Die Schiefer schwanken zwischen Talkschiefer, Sericitschiefer, Glimmerschiefer und Thonschiefer. Chlorit ist oft reichlich eingemengt. Die dicken Schichten bestehen vorwiegend aus von Talk, Sericit, Chlorit und Glimmerschüppchen umflochtenen Quarzkörnern und Feldspatteilchen, die bald mehr wie in der Masse selbst ausgeschieden, bald wie klastisch eingemengt aussehen. Dem entsprechend nähert sich das Gestein bald mehr einem Gneiss, bald mehr einer Breccie oder einem Sandsteine. . . . Während Verrucano und Gesteine der casannaartigen Zone oft im Handstück ununterscheidbar werden, unterscheiden sie sich als ganzer Schichtenkomplex wesentlich dadurch, dass der Verrucano nicht mehr die

Tendenz hat, Amphibolite und massige Gneisse oder massige Amphibolgesteine aus sich hervorgehen zu lassen, wie dies die Gesteine der Casannazone thun. Wo massige Gesteine im Verrucano vorkommen, sind es deutlich vom Verrucano selbst getrennte Eruptivmassen; sie gehen nicht aus dem Verrucano selbst hervor. Die grobkörnigen quarzreichen Varietäten bilden oft sehr ausgesprochene, meist rot, violett oder grün gefärbte Breccien und Konglomerate, die an das deutsche „Rotliegende" erinnern, und an manchen Stellen wie die deutschen Permschichten Kupfer führen. Mitunter sind diesen Konglomeraten ganze Brocken von Gneissen, Graniten, besonders von Porphyren und rotem Jaspis beigemengt, doch sind diese Einschlüsse meist unbekannter Herkunft, während die Gesteine der nächsten Alpen, wie Puntaiglasgranit etc. fehlen; dieselben waren offenbar damals noch nicht an der Oberfläche entblösst. Die Trümmereinschlüsse sind mit dem Gesteine innig verwachsen. Epidot und besonders Quarzschnüre gehören zu den häufigsten accessorischen Gemengteilen.

In den oberen Schichten, nahe unter den sekundären Bildungen, verliert der Verrucano mehr und mehr die halbkrystallinische Textur, und das klastische Gefüge wird vorherrschend. Quarzitsandsteine bilden dicke Bänke. In den schiefrig thonigen, meist intensiv roten Abänderungen stellen sich Kalk- und Dolomitconcretionen ein, die sogar zu dünnen Lagen kieselig thoniger Kalksteine sich verbinden.

Der Verrucano ist in Graubünden südlich des Rheines, ferner im Vorarlberg und in den Ost- und Westalpen ebenfalls vertreten, doch erreicht er nirgends die enorme Entwickelung wie in dem Gebiete zwischen Walensee und Vorderrhein. Innerhalb desselben überwiegen in den nördlichen Teilen die quarzreichen, roten konglomeratischen, wahrscheinlich jüngeren Abänderungen, in den südlichen die schiefrigen und gneissähnlichen, wahrscheinlich älteren Lager, im mittleren Gebiet, in den Freibergen (Kärpfgruppe) sind beide Hauptabänderungen in gleicher Menge miteinander wechsellagernd vorhanden. Nach dem Vorkommen im Sernfthale hat Heer den Namen Sernifit vorgeschlagen. Escher hat stets diesen Namen mehr für die roten Konglomerate beibehalten, welchem Gebrauche ich gerne folge. . . .

Auf die Abgrenzung des Verrucano gegen die undeutlichen Talkgneisse der casannaartigen Zone, . . . darf nicht zu viel Gewicht gelegt werden, die Grenze entbehrt jeder durch die Natur gegebenen Schärfe. . . . Die Abänderungsfähigkeit des Verrucano ist so gross, dass man an einem Blocke oft mehrere Varietäten beisammen sieht. Es giebt in Zürich erratische Verrucanoblöcke, die auf der einen Seite aus grünem Sericitschiefer, auf der andern aus rotem Thonschiefer bestehen und in einer dritten Ecke in grobes Konglomerat übergehen.

Petrefakten sind bisher im Verrucano nicht gefunden worden. Die Altersbestimmung muss sich deshalb ausschliesslich auf die Lagerungsverhältnisse stützen" (S. 41—44).

Zur Feststellung des Alters konstatiert Heim zunächst durch Vergleiche mit westlichen und östlichen Gesteinen das karbonische Alter der Anthracitschiefer vom Bifertengrätli, wendet sich dann zu ihrer Beschreibung, auf die wir an anderer Stelle einzugehen haben und kommt schliesslich nach Besprechung der Lagerungsverhältnisse an der genannten Lokalität zu dem Resultate: „Am Bifertengrätli erweist sich ein Teil des Verrucano als jünger als die Kohlen, er liegt zwischen diesen und dem Röthikalk; ein anderer Teil ist mit dem anthracitischen Gesteine verbunden, geht in dasselbe über, ist somit gleich alt; ein dritter Teil des Verrucano liegt unter dem Kohlenschiefer, und zwar bald so, dass er den letzteren auf seinen Schichtköpfen trägt, bald liegt der Kohlenschiefer parallel zwischen seinen Platten, wahrscheinlich in Muldengestalt eingeklemmt. Wir können somit sagen, dass der Anthracit im Verrucano liegt, oder, wenn wir lieber wollen, dass der Verrucano zu einem grossen Teil der karbonischen Formation angehöre, womit wir freilich nicht sagen wollen, dass nicht auch teilweise noch ältere oder jüngere Gesteine in demjenigen Komplex stecken, den wir, wegen seinem Mangel an Petrefakten und seiner steten Gesteinsübergänge nicht gliedern können, und deshalb mit dem einen Wort Verrucano bezeichnen. Zu ganz gleichen Schlüssen führen die Beobachtungen über Verrucano und Kohlenschiefer in der Gegend von Outre-Rhône und teilweise auch in der Toscana" (S. 47).

1880. A. Rothpletz (Die Steinkohlenformation und deren Flora an der Ostseite des Tödi, Zürich 1880, in den Abhandlungen der schweizerischen palöontologischen Gesellschaft, vol. VI, 1879) führte durch Auffinden einer Flora von 21 Arten am Bifertengrätli den wichtigen Nachweis, „dass die anthracitführenden Schichten an der Ostseite des Tödi dem Mittelkarbon, d. h. der produktiven Steinkohlenperiode angehören" (S. 12). In dem zweiten Teil der Arbeit „Architektonik der Steinkohlenformation an der Ostseite des Tödi" (S. 14—28) wird zunächst gezeigt, dass eine petrographische Definition des „Verrucano" nicht möglich ist, sodann auf Grund der Beobachtungen über die Tektonik und mikroskopische Beschaffenheit der „Gneise" der „karbonischen Gesteine" und des „Verrucano" von der Ostseite des Tödi gefordert, man müsse mit dem Namen Verrucano „diejenigen Konglomerate, Sandsteine und Thonschiefer bezeichnen, welcher das Liegende einer zwischen das Mittelkarbon und den Muschelkalk eingeschalteten Schichtenreihe paläontologisch noch ungewissen Alters bilden" (S. 15). Auf diese Ansicht wie auf die Verhältnisse, auf Grund deren sie aufgestellt ist, soll an anderer Stelle ausführlich eingegangen werden.

1880. Baltzer (Der mechanische Kontakt von Gneis und Kalk im Berner Oberland, Beiträge zur geolog. Karte der Schweiz, XX. Lieferung, Bern 1880) wendet sich gegen die Erweiterung des Begriffs Verrucano, der „ein petrographischer Sammelbegriff geworden ist" und „da man immer mehr in ihn einbezieht, wertlos zu werden droht" (S. 34).

Unter Verrucano versteht er „dasjenige klastische Gestein, welches typisch im Kanton Glarus auftritt und von Escher mit Sernfgestein, von Heer mit Sernifit bezeichnet wurde. Das Kriterium dieses Verrucano ist der oft nur mikroskopisch mögliche Nachweis klastischer Gemengteile, welche durch ein Cäment verbunden sind. Makroskopisch ist der klastische Charakter oft wenig oder gar nicht ausgeprägt" . . . (S. 34, 35). Unter den mikroskopisch untersuchten Gesteinen befinden sich auch einige aus dem Kanton Glarus, die sämtlich klastisch sind, sowie ein „Diabas vom Schafkeller beim Kärpfstock" (S. 36, 37). Als „Begleiter des Verrucano" bezeichnet Baltzer „graue und grünlich quarzreiche Phyllite, Helvetanschiefer, Glimmerschiefer" etc. (S. 37).

Aus der Polemik zwischen A. Heim und M. Vacek über die Natur resp. den Nachweis der Glarner Doppelfalte (Jahrbuch und Verhandlungen der k. k. geol. Reichsanstalt in den Jahren 1879 bis 1881, ist die Entdeckung einer Doppellagerung des Verrucano an der Wildmaad im Kärpfgebiet durch A. ROTPLETZ hervorzuheben. (HEIM, Über die Glarner Doppelfalte, Verhandl. der k. k. geolog. Reichsanstalt, 1880, S. 155 ff. spec. S. 158, 159).

1886/87. Zwei Arbeiten von C. SCHMIDT, „Geologisch-petrographische Mitteilungen über einige Porphyre der Centralalpen und die in Verbindung mit denselben auftretenden Gesteine“ (Neues Jahrbuch für Mineralogie, Beilageband IV, 1886, S. 388 ff.) und „Diabasporphyrite und Melaphyre vom Nordabhang der Schweizer Alpen“ (Neues Jahrbuch 1887, I, S. 58 ff.) behandeln wenigstens in den hier zu berücksichtigenden Teilen Eruptivgesteine aus dem Gebiete zwischen Reuss, Rhein und Walensee vom petrographischen Standpunkt; in der ersten Arbeit ist die Beschreibung der Windgällephorphyre und ihrer Umwandlungsprodukte (S. 416—436), in der zweiten der Nachweis, dass die basischen Eruptivgesteine des Kärpfgebietes zum Melaphyr gehören (S. 65—68), besonders wichtig. Auf beide Punkte haben wir noch zurückzukommen.

Zwei Arbeiten von BERTRAND, „Rapport de structure des Alpes de Glaris et du bassin houiller du Nord“ (Bull. de la Soc. géol. française, 3. Serie, Band XII, 1883/84, S. 318 ff.) und „Ilot triasique du Beausset (Var). Analogie avec le bassin houiller franco-belge et avec les Alpes de Glaris“ (Bull. de la Soc. géol. française, 3. Serie, Band XV, 1886/87, S. 667 ff., spec. 698—699) kommen hier nicht in Betracht, da sie sich nur mit der Struktur des Gebirges beschäftigen und die Stellung des Verrucano gar nicht berühren.

1888. Etwas höher als die anderen Alpengeologen stellt v. GÜMBEL (Grundzüge der Geologie, Kassel, 1888) den Verrucano. „In den Alpen gehört wenigstens ein Teil der unter der Bezeichnung Verrucano und Servino zusammengefassten, aus vielerlei Gesteinen zusammengesetzten Konglomerate der Trias an, wenn auch ein anderer Teil, namentlich die mit sericithaltigen schiefrigen Schichten verbundenen Bänke, dem Permsystem zufällt“ (S. 650). Während die Schweizer Geologen in dem den Verrucano überlagernden Röthidolomit ein Äquivalent des Zechsteins sehen, betrachtet ihn v. GÜMBEL als Äquivalent des alpinen Keupers und rückt demgemäss den ganzen Komplex: oberer Verrucano, Röthidolomit, Quartenschiefer höher (S. 661).

Anmerkung: Die vorliegende Arbeit war abgeschlossen, als das Werk von A. Heim „Die Hochalpen zwischen Reuss und Rhein“ (Text zu Blatt XIV der geolog. Karte der Schweiz, Lieferung 25 der Beiträge zur geolog. Karte der Schweiz, Bern 1891) erschien. Die Stellung, die dem Verrucano in diesem Werke angewiesen wird, ist die gleiche, die er schon in dem Mechanismus der Gebirgsbildung erhielt (vergl. oben S. 78 ff. und Tabelle).

Für die übrigen Verrucanogebiete genügt ein kurzer Überblick, der weniger die Entwickelung der Auffassungen der hierher gehörigen Gesteine als die gegenwärtig herrschende Ansicht betont.

Der **Verrucano Italiens** wurde nach den Pflanzenfunden vom Monte Jano allgemein für karbonisch gehalten (H. B. Geinitz, Die Steinkohlen, I. Band, Geologie, München 1865, S. 340 und 406, Tabelle, O. Heer, Brief im Neuen Jahrbuch für Mineralogie, 1872, S. 209 etc.) Cocchi allerdings (Description des roches ignées et sedimentaires de la Toscane dans leur succession géologique, Bull. de la Soc. géol. franç., t. XIII, 1856, S. 226 ff.) spricht nur den oberen Teil des Verrucano als karbonisch an und hält die tieferen Schichten für Vertreter der älteren paläozoischen Formationen (S. 231—235, 292—293). In zahlreichen Arbeiten sucht C. de Stefani den Nachweis zu führen, dass ein grosser Teil der als Verrucano angesprochenen Schichten obertriadisch ist und nur die tieferen Schichten dem Karbon angehören, das nach ihm auch das Rotliegende umfasst (vergl. C. de Stefani, Geologia del Monte Pisano, Roma 1877 [mit Litteratur]; spec. über Verrucano S. 13 bis 18). Im Gegensatz hierzu betrachtet Lotti (Descrizione geologica dell'Isola d'Elba, Memorie descrittive della Carta Geologica d'Italia, Vol. II, Roma 1886) auf Elba wie auf dem Festlande, in der Catena littorale, Cap Argentario, den Maremmen und dem Monti Pisani die bunten Thonschiefer, Sandsteine und groben Konglomerate, den spec. als Verrucano bezeichneten Komplex, als permisch, nach Versteinerungen, die Tommasi gefunden hat (Tommasi, Sulle roccie del gruppo della Verruca, Proc. verb. soc. Tosc. Sc. nat. III, 1883, p. 241), sodann nach Analogie mit dem alpinen Verrucano und Grödner Sandstein und schliesslich auf Grund von Übergängen, die diese Gesteine am Monte Jano mit den tiefer liegenden, sicher als Karbon erkannten Schichten verbinden. Im Jahre 1889 endlich fand C. DE STEFANI (C. DE STEFANI, Gisement carbonifère dans le Monte Pisano, Bull. de la Soc. géol. de France, Série 3, Tome XVIII, 1889/90, Paris 1890, S. 27 ff.) am Monte Pisano an der Basis des von ihm als triadisch angesprochenen Schieferkomplexes einen pflanzenführenden Horizont, der in die „partie supérieure du Carbonifère supérieur" (S. 28) gehört und genau dem Horizont von Jano entspricht. Diesen pflanzenführenden Schichten sind Sandsteine untergeordnet, die ihrerseits wieder mit Schichten eines quarzigen Konglomerates wechsellagern „qui avait été le type du terrain dit du Verrucano, tiré précisément de la Verruca, près de Pise; le Verrucano typique appartient donc au Carbonifère supérieur ou tout au plus moyen" (S. 29).

Im Norden der italienischen Westküste und in den Alpi marittime giebt die geologische Karte von A. ISSEL und S. SQUINABOL, (Genua, 1890) Perm in grosser Verbreitung an und zwar in Übereinstimmung mit den Aufnahmen des Ufficio Geologico in dem Monte Pisani, in der Gegend von Massa und Carrara etc. sowie in den Alpi maritt. in mächtigem Zuge von Savona nach Nordwesten streichend. Hier wird ein „gneissähnliches" Gestein mit herrschendem Plagioklas, der Apenninit Gastaldis, ferner rote Sandsteine, Konglomerate und Schiefer (letztere mit Walchia) bisweilen mit Melaphyren und Porphyren, als mächtig entwickeltes Perm betrachtet. An einigen Stellen liegen diese Gesteine deutlich auf karbonischen Schichten und werden von ähnlichen zur Trias gestellten Gesteinen überlagert. (Vergl. Note Esplicative della Carta geologica della Liguria e territori confinanti di A. ISSEL e. S. SQUINABOL, spec., S. 14, 15 und 34—36; ferner den Abschnitt Roccie permiane, S. 263—265 in A. ISSEL, Note intorno al rilevamento geologico del territorio compreso nei fogli di Cairo Montenotte e Varazze della Carta topografica militare, Bolletino del R. Comitato geologico d'Italia, XVI, 1885, S. 257 ff.; hier sind besonders die Übergänge von Perm in Trias betont.)

A. FAVRE (Recherches géologiques dans les parties de la Savoie, du Piemont et de la Suisse voisines du **Mont-Blanc**, Paris-Genève, 1867) stellt den Poudingue de Valorsine auf Grund der

Wechsellagerung mit Kohlenpflanzen führenden Schichten zum Karbon und betont hauptsächlich die Schwierigkeit, eine untere Grenze zu finden, da vollständige Übergänge in krystalline Gesteine vorhanden sind (II, S. 415—421).

Über der Karbonformation unterscheidet er ein Gestein, das er Arkose nennt und zur Trias stellt (III, S. 346—439); „La dénomination de verrucano a été également donnée a cette roche par M. Studer. . . . Mais quoique en Toscane ce nom désigne, d'après M. Pareto (Bull. géol., 1858, XVI, 80) un grès de l'âge du rote liegende, supérieur au terrain houiller, il ne nous semble pas convenable, parce qu'il a été employé pour désigner le conglomérat de Valorsine, qui appartient au terrain houiller" (III, S. 437).

Renevier (Monographie géologique des **Hautes-Alpes Vaudoises,** livraison XVI des Materiaux pour la carte géologique de la Suisse, Bern, 1890) stellt den Poudingue de Valorsine und Outre-Rhône zum **Karbon** (S. 40) und unterscheidet von ihm ein rotes Konglomerat von den Rochers-des-Georges in den obersten Schichten des carbonischen Konglomerats, das er mit Studer zum Verrucano (Sernifit) stellt und als wahrscheinlich Rotliegendes anspricht. Er hält ferner einen grossen Teil des Schweizer Verrucano für Carbon, die Frage aber, wie die Grenze zu ziehen ist, „a d'ailleurs une mediocre importance, car le Permien est de plus en plus généralement considéré comme une dépendance du Carbonique, dont il constitue seulement l'étage supérieure" (S. 41). Demgemäss hat Renevier auf seiner Karte Carbon und Verrucano nicht getrennt.

Weiter östlich ist der Verrucano, wenn auch nicht besonders mächtig, im **Finsteraarmassiv** entwickelt; Baltzer (der mechanische Kontakt von Gneis und Kalk im Berner Oberland, Beiträge zur geologischen Karte der Schweiz, 20. Lieferung, Bern 1880) wies ihn „im hinteren Engelbergerthal, im Urbachthal und bis ins Berner Oberland hinein" nach (S. 35) und bezeichnet als „Begleiter des Verrucano" unter anderem quarzreiche Phyllite, Glimmerschiefer, Glimmerquarzit, seltener Talkquarzit und Talkschiefer (S. 37); nach seinem Werke „das Aarmassiv" (Beiträge etc., 24. Lieferung, Teil 4, Bern 1888, ist Verrucano mit anderen paläozoischen Schichten in der Schieferhülle des Aarmassivs enthalten (S. 101).

Es folgt dann in **Glarus und Graubünden** der Verrucano der Glarner Doppelfalte, ferner die gleichfalls schon erwähnten nicht in der Falte liegenden, hauptsächlich durch Theobald bekannten Graubündener Verrucanogebiete (Bernina, Münsterthal etc.). F. Rolle (das südwestliche Graubünden und nordöstliche Tessin, Beiträge zur geologischen Karte der Schweiz, Lieferung 23, Bern 1881) rechnet zu den Verrucanoäquivalenten den Roflagneiss (S. 14 bis 16). Eigentlicher Verrucano ist vom Splügen bis Colico und Bellinzona nicht vertreten (F. Rolle, Mikropetrographische Beiträge aus den rhätischen Alpen, Wiesbaden 1879); als metamorphosierte Verrucanoäquivalente betrachtet er graue und grüne Schiefer und den grünglimmerigen Gneiss vom Suretta-Stock sowie von der Rofla zwischen Sufers und Andeer (S. 15—22).

Die wichtige Rolle, die der Verrucano vom **Vorarlberg** in der Geschichte seiner Schweizer Äquivalente besonders durch Escher gespielt hat, wurde oben eingehend besprochen; für die Altersbestimmung der Verrucanogesteine überhaupt erhielt er wieder hohe Bedeutung, als v. Richthofen, wie oben erörtert, 1859 ihn für ältere als untere Trias erklärte. (Die Kalkalpen von Vorarlberg und Nord-Tyrol, Jahrbuch der k. k. geol. Reichsanstalt, 10. Jahrgang, Wien 1859, S. 72 ff.) und sich hierdurch in Gegensatz zu den österreichischen Geologen dieser Zeit stellte. Dieselben Gesteine, besonders aus dem Fürstentum Liechtenstein veranlassten v. Mojsisovics zu den oben besprochenen, für das Alter des Vorarlberger und Glarner Verrucano gegenwärtig massgebenden Untersuchungen.

Die Arbeiten, die nach der Mitte dieses Jahrhunderts in den **Ostalpen**, der nördlichen wie der südlichen Nebenzone, zur Zurechnung der Konglomerate und roten Sandsteine zur unteren Trias führten, sind bereits oben besprochen; ein Umschwung trat hier durch die bahnbrechenden Arbeiten von Suess ein, „die Äquivalente des Rotliegenden in den Südalpen“ (Sitzungsber. der k. k. Akademie der Wissensch. in Wien, Band LVII, 1868) und „Über das Rotliegende im Val Trompia“, (Sitzungsber. 1869), durch die Rotliegendes in grosser Verbreitung in den Südalpen nachgewiesen wurde. Eine genauere Darlegung der Wirkung, die diese Werke auf die Geologie der Ostalpen geübt hat, würde ausserhalb des Rahmens dieser Arbeit liegen und kann um so eher unterlassen werden, als die Abhandlung von Guido Stache, „Die paläozoischen

Gebiete der Ostalpen" (Jahrbuch der k. k. geologischen Reichsanstalt, Band XXIV, Wien 1874, S. 135 ff. und 333 ff.) eine Übersicht über die Verbreitung der „Gruppe der Obercarbon- und Permgesteine" für die ganzen Ostalpen (S. 170—177), sowie eine sehr ausführliche Darstellung der hierher gehörigen Verhältnisse in den Südalpen auf Grund eigener Untersuchung und mit kritischer Würdigung der vorangegangenen Arbeiten enthält. Durch seine Untersuchungen sieht sich Stache veranlasst, „der Bezeichnung «Verrucano» jede stratigraphische Bedeutung abzusprechen und dieselbe nur als petrographische Bezeichnung in ähnlicher Weise wie Thonglimmerschiefer, Talkquarzit etc. gelten zu lassen. Je nachdem ein konglomeratisches Gestein, welches man in älteren Grauwackenkomplexen, in der oberen Steinkohlenformation, im Rotliegenden oder auch in der unteren Trias findet, petrographisch mehr oder weniger mit den talkigen Quarzkonglomeraten der Schanze Verruca übereinstimmt, wird man für dasselbe mit mehr oder weniger Recht, aber immerhin ohne wesentlichen Schaden die Bezeichnung «Verrucano» als Ausdruck für eine besondere Abart von Konglomeratbildung gebrauchen können" (S. 413).

Die Frage nach dem Alter der ostalpinen roten Sandsteine und Konglomerate wurde von neuem nach der Entdeckung der Fauna in den Bellerophonkalken, die über dem Grödener Sandstein liegen, diskutiert. Die österreichischen Geologen (Stache, Verhandlungen der k. k. geol. Reichsanstalt, 1874, S. 365, 1876, S. 257 ff., Jahrbuch der k. k. geol. Reichsanstalt, 1877, S. 271, 1878, S. 93 u. s. w. v. Mojsisovics Verhandl. der k. k. geol. Reichsanstalt, 1874, S. 321, 1875, S. 220, Dolomitriffe von Südtirol und Venetien. Wien 1879, S. 35—38, Hörnes, Verhandlung., 1874, S. 347, 1875, S. 224, 1876, S. 38 ff, spec. S. 43, 44) erklären diese Fauna für paläozoisch, auch v. Mojsisovics hält, obwohl er die Möglichkeit der Parallelisierung des Bellerophonkalkes mit dem Hauptbuntsandstein in den Kreis seiner Betrachtung zieht, es „für zweckmässig, den Bellerophonkalk unbedingt noch den Permbildungen anzureihen (Dolomitriffe S. 38); von Gümbel (Geognostische Mitteilungen aus den Alpen, III. Aus der Umgegend von Trient, Sitzungsberichte der k. b. Akademie der Wissenschaften zu München, Bd. VI, 1876, S. 51 ff., spec. S. 76) spricht sie als triadisch an. Demgemäss bezeichnen die österreichischen Geologen den Grödener Sandstein und die unter ihm liegenden Konglomerate (Verrucano der österreichischen Geologen s. str.) als Perm resp. Rotliegendes; F. v. Hauer, der mit „Verrucano“ Porphyr- und Quarzkonglomerate bezeichnet, betrachtet als ein ungefähres Äquivalent des Rotliegenden die Porphyre, den Verrucano und die Grödener Sandsteine, während er im Bellerophonkalk den alpinen Repräsentanten des Zechsteins sieht. (Die Geologie und ihre Anwendung auf die Kenntnis der Bodenbeschaffenheit der Österr.-Ungar. Monarchie, Zweite Aufl., Wien, 1878, S. 326). Dieselbe Stellung weist v. Mojsisovics den entsprechenden Gesteinen an; er betont noch besonders das „Vikariieren der Verrucano genannten Konglomeratmasse mit Geröllen von krystallinischen Schiefergesteinen, Porphyr und selten auch von älteren Kalksteinen“ (Dolomitriffe S. 33) mit dem Quarzporphyr Südtirols (S. 33).

Im Gegensatz hierzu erkennt v. Gümbel alpinen Zechstein nicht an; nach seiner Auffassung ist der Bellerophonkalk eine triadische, dem Röthidolomit annähernd entsprechende Bildung (Das Mendel- und Schlerngebirge, Geognostische Mitteilungen aus den Alpen I, Sitzungsber. der k. b. Akademie der Wissenschaften, Band III, München, 1873, S. 14 ff., spec. S. 34 und Aus der Umgegend von Trient, Geognostische Mitteilungen aus den Alpen III, Sitzungsber. der k. k. Akademie München, Band VI, 1876, S. 51 ff., spec. S. 71 bis 76). Den teilweise paläozoischen Charakter der Fauna des Bellerophonkalkes erklärt er „als Auftreten alter Typen in jüngeren Schichten . . . als Wiederholung einer Vortriasfauna in Triasschichten“ (S. 76). Den Komplex der Konglomerate und Sandsteine unter dem Bellerophonkalk betrachtet er als Äquivalente des Rotliegenden und bunten Sandsteins; er vergleicht diese Verhältnisse mit den am Ostrande des Haardtgebirges herrschenden, wo der Zechstein fehlt und die Konglomerate des Rotliegenden, die gleichfalls noch postkarbonischen Rötelschiefer, die tiefsten Schichten der Trias, die Leberschiefer und der untere Buntsandstein direkt aufeinander folgen und die Grenzglieder, Rötelschiefer und Leberschiefer, überaus ähnlich ausgebildet sind. Demgemäss rechnet v. Gümbel den Grödener Sandstein mit dem Bellerophonkalk zum alpinen Buntsandstein.

Denselben Gedankengang verfolgt v. Gümbel weiter in seinem Aufsatz: Ein geognostischer Streifzug durch die Bergamasker Alpen (Geognostische Mitteilungen aus den Alpen VI, Sitzungsberichte der k. b. Akademie der Wissenschaften, Band X, 1880,

S. 164 ff.); er gelangt zu der Schlussfolgerung: „Die Collioschichten" (das durch Suess näher bekannt gewordene Schichtensystem mit Pflanzenresten des Rotliegenden — grünlich graue, grauwackenartige Sandsteine, graue Konglomerate und schwarze plattige, Pflanzenreste führende Sandsteinschiefer —) „schliessen sich zwar an allen Punkten, wo sie mit dem roten Sandsteine und Konglomerate (Grödener Schichten) unmittelbar zusammenstossen, in gleichförmiger Unterlagerung an diese an. Aber es giebt sehr viele Punkte, wo in nächster Nähe die Grödener Schichten in ganz selbständiger Entwickelung auftreten und unmittelbar über dem Phyllit das System jüngerer Schichten eröffnen. Diese Selbständigkeit der Entwickelung spricht zu Gunsten einer Zuteilung beider Ablagerungen zu verschiedenen Formationen und gegen die Zuweisung der Grödener Schichten zu dem Rotliegenden (Zechstein)" (S. 238). Ähnlich gliedert R. Lepsius (Das westliche Süd-Tirol, Berlin 1878) diese Gesteine. „Im Gegensatz zu den rotgefärbten Buntsandsteinen sind die rotliegenden Schichten stets grünlichgrau, niemals rot; die rote Färbung erscheint erst nach dem Ausbruche der Quarzporphyre" (S. 31). Als unterstes Glied des Buntsandsteins betrachtet er „Konglomerate, deren Gerölle aus Quarzporphyr, Quarz, Grauwacken, Thonschiefern u. a. bestehen. Solche Konglomerate, eingelagert in Sandsteinen und Grauwacken, nennt der italienische Geologe „Verrucano"; es ist dies jetzt ein petrographischer Begriff und daher nicht mehr als historischer Name anwendbar; an der Verruca-Schanze in Toskana scheinen ursprünglich karbonische Konglomerate „Verrucano" benannt worden zu sein; später wurden Konglomerate jüngerer Formationen, besonders diejenigen des untersten Buntsandsteins, gleichfalls als Verrucano bezeichnet" (S. 32).

Eine zusammenfassende Darstellung des Auftretens der permischen Gesteine in den Ostalpen giebt Stache in seinem Aufsatz: „Über die Silurbildungen der Ostalpen mit Bemerkungen über die Devon-, Karbon- und Perm-Schichten dieses Gebietes" (Zeitschrift der Deutschen Geolog. Gesellschaft, 1884, Berlin, S. 277 ff., spec. S. 367—374).

Eine bis zu einem gewissen Grade von der besprochenen unabhängige Litteratur besteht über das **südliche Tessin** und die benachbarte Gegenden, spec. das Gebiet des **Comer und Luganer Sees**. Ohne auf die älteren Arbeiten von L. v. Buch, Studer und anderen zurückzugreifen, sei nur erinnert, dass A. Escher in dem Profil am Wege aus dem Val Sassina nach Regoledo in festem Sandsteine Pflanzenreste fand, in denen O. Heer Buntsandsteinpflanzen erkannte. (Geol. Bemerkungen über das nördl. Vorarlberg etc., S. 98 und S. 130, 131), Bestimmungen, auf die in der Folgezeit stets die Einreihung der Sandsteine in die Buntsandsteinformation begründet wurde. Ein sehr wichtiger Schritt in der Auffassung der zweifelhaften Konglomerate und Sandsteine geschah, als Studer 1872 in dem groben Konglomerat von Manno Pflanzen fand, die Heer als mittelkarbonisch bestimmte (O. Heer, Flora fossilis Helvetiae, Zürich, 1877, S. 4, 41, 42). Taramelli (Il canton Ticino meridionale ed i paesi finitimi, Mat. Carta geologica della Svizzera vol. 17, 1880, Text zu dem von Spreafico, Negri, und Stoppani aufgenommenen, Blatt XXIV der Schweizer Karte) unterscheidet diesen karbonischen pflanzenführenden Horizont von Manno mit seinen porphyrfreien Konglomeraten von den Porphyren mit ihren Konglomeraten und Sandsteinen, die er als triadisch anspricht (S. 33—60). v. Gümbel (Die Gebirge am Comer und Luganer See, Geognostische Mitteilungen aus den Alpen VII, Erster Abschnitt, Sitzungsberichte der k. b. Akademie, 1880, S. 542 ff.) stellt zunächst fest, dass am Ostrande des Comer Sees die Schichten über den krystallinen Schiefern nicht mit einer Konglomeratbildung, sondern mit weichen grauen und roten, sandigen Lettenschichten beginnen, erst weiter oben schieben sich Konglomeratbänke ein (S. 547, 548). Trotz der Porphyrbruchstücke, die die Konglomerate führen und die ihnen grosse Ähnlichkeit mit dem Rotliegenden verleihen, vermag v. Gümbel nicht, ein Glied dieser Reihe der postkarbonischen Formation zuzuweisen. „Diese Konglomerate am Rande des Val Sassina haben durchaus nichts zu schaffen mit den Gebilden, welche bei Collio dem Rotliegenden gleichstehen, sondern gleichen genau den Konglomeraten, welche auch im Bergamasker Gebirge oft getrennt von den Collioschichten sich den feinen roten Sandsteinbänken sehr eng anschliessen und den Grödener Konglomeraten entsprechen. Am Ostrande des Comer Sees fehlt jede Spur jener Ablagerungen, welche den Collioschichten gleichgestellt werden könnten" (S. 549).

Zu einem anderen Resultate gelangt Benecke (Erläuterungen zu einer geologischen Karte des Grigna-Gebirges L. J. Beilageband III, 1885, S. 171 ff.). Er hält, ebenso wie v. Gümbel, die

Heersche Bestimmung der von Escher gefundenen Pflanzen bei ihrer schlechten Erhaltung nicht für absolut sicher, sodass sie möglicherweise auch Dyaspflanzen sein könnten. „Grobe Konglomerate mit Porphyrgeröllen hat man schon seit L. v. Buchs Zeiten an am Comer See und anderen Punkten der Südalpen mit dem Rotliegenden verglichen und seit der Entdeckung zweifellos dyadischer Pflanzen in der Val Trompia und der Erkenntnis des mehr paläozoischen als mesozoischen Charakters der tiroler Bellerophonkalke ist man durchaus berechtigt, die groben Konglomerate und die Mehrzahl jener mannigfaltigen unter dem Sammelnamen Verrucano zusammengefassten Gesteine für älter als den Buntsandstsin zu halten" (S. 204, 205). Demgemäss stellt Benecke diese Konglomerate mit Porphyrgeröllen zur Dyas, erinnert jedoch unter Bezugnahme auf v. Gümbels Untersuchungen daran, „dass auch der Buntsandstein in den Alpen einmal durch grobe Konglomerate vertreten sein kann" (S. 205). Die Grenze zwischen den zur Dyas und den zur Trias gehörenden Gesteinen dieses Komplexes ist überaus schwer zu ziehen; Benecke stellt „im Grigna-Gebirge der üblichen älteren Auffassung folgend, die polygenen in erster Linie Porphyrgerölle führenden Konglomerate in die Dyas und alles darüber Liegende bis zu den dolomitischen kurzklüftigen Kalken in die Trias" (S. 205). C. Schmidt (Schmidt und Steinmann, Umgebung von Lugano, Eklogae geologicae Helvetiae, Vol. II, Lausanne 1890, S. 1 ff. mit Litteraturangaben) hält es gleichfalls für möglich, dass in dieser Konglomerat- und Sandsteinbildung an der Basis des triadischen Schichtensystems Äquivalente der Dyas und des Buntsandstein vorhanden sind (S. 12, 13); alle Forscher aber stimmen darin überein, dass diese Gebilde von dem karbonischen Konglomerat durchaus zu trennen sind.

In der Einleitung wurde der Begriff „Verrucano“ seiner Dehnbarkeit und verschiedenen Deutbarkeit wegen mit den Bezeichnungen der älteren Geologie „Grauwacke“, „Grünstein“ u. dergl. verglichen. Die Entwickelung resp. Beschränkung dieser Bezeichnung, die im Laufe der Zeit, wo es immer möglich war, teils mit Betonung der geologischen, teils der petrographischen Charaktere durchgeführt wurde, zeigt die Berechtigung dieses Vergleiches. Man kann aber ebensogut sagen, der Begriff „Verrucano“ ist, wo auch immer dieser Name in die Geologie eingeführt wurde, nur für ein begrenztes Gebiet und im Sinne eines bestimmten Forschers feststehend; er bezeichnet aber in verschiedenen Gebieten oder von verschiedenen Autoren angewandt, je nachdem mehr die Beschaffenheit oder das geologische Alter des Gesteins der Verruca, mehr die Savische Definition oder die Übertragung durch Escher und Studer zu Grunde liegt, verschiedene weiter oder enger gefasste durch geologische oder petrographische Merkmale charakterisierte Gesteinskomplexe.

Eine Übersicht über die Bedeutung des Begriffes „Verrucano“ in der modernen Geologie soll den verschiedenen Gebrauch dieses Namens zeigen.

		Nord-West-Italien.		Seealpen.	
		LOTTI.	C. DE STEPHANI.	ISSEL und SQUINABOL.	
Trias.	Keuper.				
	Muschelkalk.		Obere Trias.		
	Bunter Sandstein.				In Trias übergehende
Perm.	Zechstein.	Roccie permiane: (Verrucano). In diese Gruppe gehören die bunten Thonschiefer, Sandsteine und groben Konglomerate von Elba, aus den Monti Pisani, Catena littorale, Cap Argentario, den Maremmen etc. (Descrizione geologica dell' isola d'Elba. Vol. II, 1886. Mem. descrittive.)		Roccie permiane: in Übereinstimmung mit LOTTI und den Aufnahmen des Ufficio geologico in dem Monti Pisani, Massa Carrara etc. (Note esplicative della Carta geologica dellaLigurta e territori confinanti, S. 14, 15. 1890.)	Roccie permiane: rote Sandsteine, Konglomerateund Schiefer, letztere mit Walchien, gelegentlich mit Porphyr- und Melaphyrergüssen, ferner der plagioklasreiche, gneissähnliche Apenninit Gastaldis. An einigen Stellen sind diese Gesteine unterlagert von
	Rotliegendes.				
Karbon.		Karbon vom Mte. Jano mit Pflanzenresten.	Le Verrucano typique appartient au Carbonifère supérieur ou tout au plus moyen. (Gisement carbonifère dans le Monte Pisano S. 29 Bull. de la Soc. Géol. de France. Série 3, Bd. XVIII, 1889|90).		Karbon. (Note esplicative della Carta geologica della Liguria territor. confinanti, S. 34—36. 1890.)
Devon und tiefere Schichten.					

II.

ERUPTIVGESTEINE

IM VERRUCANO DER GLARNER DOPPELFALTE

UND IHRE

UMWANDELUNGSPRODUKTE.

I.

Basische Eruptivgesteine.

Basische Eruptivgesteine sind in dem Nordflügel der Glarner Doppelfalte schon lange bekannt. Sie wurden im Kärpfgebiet (auch Gebiet der Glarner Freiberge genannt) zwischen Durnach-, Sernf- und Linththal von ESCHER VON DER LINTH entdeckt und als Spilite a6 auf der geologischen Karte der Schweiz von B. STUVER und A. ESCHER (1855) angegeben. Sie liegen hier (vergl. HEIM Mechanismus der Gebirgsbildung, I, 131—132) den flachliegenden Verrucanogebilden konkordant eingelagert und greifen nirgends in jüngere Formationen ein. Am mächtigsten sind sie am Gandstock entwickelt; hier liegen „über weisslichem Talkquarzit etwa 10 m rote Schiefer fast horizontal, dann eine vollkommen massige 60 bis 80 m mächtige Bank porphyrartiger Spilit. Dieser ist wiederum von roten Schiefern, Sandsteinen und Konglomeraten in horizontalen Platten und Bänken bedeckt." Dieses Profil kehrt in seinen Hauptzügen, der fast horizontalen Lagerung der Gesteine und der Konkordanz des Eruptivgesteines mit seinem Hangenden und Liegenden überall in den Höhen des Kärpfgebiets wieder und ist an den nackten Abhängen vorzüglich zu beobachen. Gewöhnlich ist, wie auch HEIM (Mechanismus I, 131) angiebt, die Mitte eines Melaphyrlagers kompakt, die Sohle und Decke reich an Mandelräumen, doch treten auch verschiedene Varietäten räumlich dicht nebeneinander auf.

SCHMIDTS Untersuchung der von ESCHER gesammelten Stücke (C. SCHMIDT, Diabasporphyrite und Melaphyre vom Nordabhang der Schweizer Alpen, Neues Jahrbuch für Min., Geol. und Pal., 1887, I, S. 58—69) brachte die Gewissheit, dass die Gesteine in ihrer Gesamtheit der Melaphyrfamilie angehören.

Er unterschied zwei Gruppen:

a) bräunlich violett gefärbte Gesteine, von teils leeren, teils erfüllten Blasenräumen durchzogen oder dicht mit einer Anlage zur schiefrigen Struktur;

b) grünliche Gesteine ohne Blasen- und Mandelräume, Eschers „Spilite und grünliche Porphyrschiefer".

Das von mir gesammelte Material gestattet eine Dreiteilung der Gesteine in

a) Olivinweiselbergite,

b) Navite (Olivin führende Labradorporphyrite)

c) Olivintholeiite.

Die Hauptmasse der Schmidtschen ersten Gruppe fällt unter die Olivinweiselbergite.[1] Navite haben unter den Escherschen Stücken nicht vorgelegen, die Gruppe der „Spilite und grünlichen Porphyrschiefer" umfasst Tholeiitische Gesteine sowie Umwandlungsprodukte sämtlicher Gruppen.

a) Olivinweiselbergite.

Olivinweiselbergite scheinen, soweit ich es nach meinen Exkursionen in dem Gebiete zu beurteilen vermag, die Hauptmasse der Kärpfmelaphyre zu bilden; in dem Gebiete der mächtigsten Entwickelung der basischen Eruptivgesteine, im Bereiche des Gandstocks, herrschen sie unbedingt. Am Berglihorn, gleichfalls in den Freibergen gelegen, kommen sie ebenfalls vor und schliesslich entdeckte ich sie, allerdings in stark veränderter Gestalt, in der Südfalte, im Gebiet des Panixer Passes.

Je frischer diese Gesteine sind, desto dunkler sehen sie aus; mit zunehmender Zersetzung oder Veränderung werden sie bräunlich oder rötlich. Ausser Mandelräumen, wenn sie vorhanden, erkennt das unbewaffnete Auge gewöhnlich nur Olivin oder seine Umwandlungsprodukte.

In den folgenden Abschnitten sollen aus der Reihe der Olivinweiselbergite einige nach primärer Struktur oder Stadium

---

[1] Anm.: Nach Beendigung dieser Arbeit erschien: C. Schmidt, Beiträge zur Kenntnis der im Gebiete von Blatt XIV der geolog. Karte der Schweiz... auftretenden Gesteine (Anhang zur XXV. Lieferung der Beiträge zur geolog. Karte der Schweiz, Bern 1891). In dieser Arbeit sagt Schmidt: Über die von A. Escher gesammelten Melaphyre (S. 2—5): Sämtliche Melaphyrvarietäten des Kärpfstockgebietes schliessen sich an den Weiselbergittypus an (S. 4).

der Umwandlung besonders charakteristische Gesteine beschrieben werden. Wir beginnen mit einem frischen, glasarmen Olivinweiselbergite, schliessen an ihn eine glasreiche, gleichfalls noch ziemlich frische Varietät, beide fast frei von Mandelräumen, wenden uns dann zu mandelsteinartigen Gesteinen, sämtlich vom Gandstock, und gelangen schliesslich durch roh schiefrige Varietäten vom Gandstock und Berglihorn zu vollkommen schiefrigen, bisher als normale Glieder der Verrucanosedimente aufgefassten Gesteinen vom Panixer-Pass.

a. Glasarme Olivinweiselbergite.

Ein am Nordabhang des Gandstocks weit verbreitetes Gestein zeigt dem unbewaffneten Auge in einer dichten, grauschwarzen Grundmasse rotbraune Tupfen und Flecken, die auf angeschliffenen Stellen noch deutlicher hervortreten. Auch im Schliff fallen sie unmittelbar auf und erweisen sich unter dem Mikroskop als Olivin in verschiedenen Umwandlungsstadien.

Der Olivin tritt in Krystallen von sehr verschiedener Grösse auf, die jedoch alle derselben Generation angehören: wenigstens sind auch die kleineren streng idiomorph resp. zeigen selbst dort, wo die äussere Krystallform durch Korrosion zerstört ist, die vollständige Unabhängigkeit ihrer Begrenzung von den übrigen Gesteinskomponenten.

Soweit der Olivin unzersetzt ist, bietet er keine besonderen Eigentümlichkeiten; er zeigt die bekannten sechs- und achtseitigen Durchschnitte, die allerdings oft durch Korrosion in ihrer Deutlichkeit beeinträchtigt sind, Spaltbarkeit nach $\infty\breve{P}\infty$ (010) und ist farblos, manchmal mit einem ganz schwachen Stich in Gelbgrün, durchsichtig. Die Grösse der Olivine schwankt in den weitesten Grenzen; Individuen von 0,05 mm Durchmesser kommen ebenso häufig vor wie solche mit einem Durchmesser von 0,1 bis 0,2 mm und darüber; doch gehören sie sämtlich der ersten Generation an, wie ihre Form und das Vorhandensein aller möglichen Grössen zwischen den extremen Gliedern beweist. Nur unter den kleinsten Olivinen finden sich ganz frische, die meisten sind in grösserem oder geringerem Masse zersetzt. Im ersten Stadium der Zersetzung wird der Olivin faserig, in der Faserrichtung liegt die Achse der kleineren Elasticität; wenn Pleochroismus wahrnehmbar ist, so ist die Absorption parallel der Faserrichtung stärker, als senkrecht zu ihr. Die Doppelbrechung ist, sowie der Olivin fasrig wird, schwach. In diesen fast farblosen Faseraggregaten finden sich randlich tiefer gefärbte Bänder von Fasern, die gleichfalls c parallel der Längsaxe zeigen, aber mit etwas stärkerer Doppelbrechung einen viel stärkeren Pleochroismus verbinden: parallel c geht das Licht mit gelben, senkrecht dazu mit dunkelrotbraunen Tönen hindurch. Die Grenze zwischen den helleren und dunkleren Fasern ist gewöhnlich nicht scharf, in der Regel finden sich zwischen den farblosen und dunkleren Partien gelb bis hellbraun gefärbte, die auch in Bezug auf Doppelbrechung und Pleochroismus zwischen den geschilderten Extremen vermitteln. Reste von primärem Olivin sind in diesem Stadium der Umwandlung nicht selten in den Faseraggregaten erhalten und fallen sofort durch ihre starke Doppelbrechung auf.

Im weiteren Verlauf der Umwandlung bilden sich in dem Komplex von Fasern, gewöhnlich im Innern, Flecke oder aderartige Streifen, die zwar noch rotbraun durchschimmern, aber keinen Pleochroismus mehr zeigen; schliesslich entstehen, wieder von der Mitte aus, dunkelbraune bis schwarze undurchsichtige Partien, die endlich den Raum des ganzen Krystalls einnehmen.

Die Art, wie die einzelnen Stadien sich zu einer Olivin-Pseudomorphose kombinieren, ist sehr mannigfaltig, doch scheint für das Gestein vom Gandstock sich eine Gesetzmässigkeit feststellen zu lassen: die Umwandlung in die farblose, fasrige Substanz scheint den ganzen Krystall gleichmässig ergreifen zu können, die Bildung der pleochroitischen Fasern geht mit Vorliebe randlich oder längs Sprüngen vor sich, die rotbraunen durchschimmernden Flecken bilden sich regellos, während die opaken Massen immer im Centrum entstehen und, wenn sie nicht den ganzen Raum erfüllen, eine randliche Zone von pleochroitischen oder farblosen Fasern übrig lassen.

Sehr oft findet sich dann noch am äussersten Rande ein Saum von opaken Körnchen, der die Pseudomorphose gegen das übrige Gestein abgrenzt. Bildungen mit einem grossen Kern dieser opaken Substanz im Centrum, auf die nach aussen erst eine Zone von farblosen, dann von dunkleren pleochroitischen Fasern, beide durchsetzt von rotbraun durchschimmernden Flecken und Adern, und schliesslich eine Zone von opaken Körnern folgt, finden sich ziemlich häufig, doch fehlt sehr oft auch die eine oder andere Zone. Soweit die geschilderten Umwandlungsprodukte überhaupt doppelbrechend sind, löschen sie in den verschiedenen Zonen parallel oder subparallel aus.

Diese Erscheinungen lassen sich vielleicht auf folgende Weise deuten: die farblosen Fasern sind ihrem physikalischen Verhalten, Habitus und Vorkommen nach Serpentin, der successive Übergang dieses farblosen Serpentins in die tiefgefärbten Fasern zeigt, dass ein principieller Unterschied zwischen den farblosen und den braun gefärbten nicht bestehen kann; vermutlich sind auch die braunen Fasern Serpentin, der durch Eintritt von Eisen in die Verbindung stärker pleochroitisch und stärker doppelbrechend geworden ist. Die rotbraun durchschimmernden Adern und Flecken sind eine ausgeschiedene oxydische Eisenverbindung, vielleicht Limonit, die opaken Massen endlich, das Endprodukt der Umwandlung, ist Eisenerz, das in den Serpentin nicht mehr aufgenommen werden konnte, und als irgend eine oxydische Verbindung die übrigen Umwandlungsprodukte verdeckt, sobald es durch fortschreitende Umwandlung zur Herrschaft gelangt. Offenbar sind die geschilderten Umwandlungsprodukte identisch mit den von Schmidt (Diabasporphyrite und Melaphyre vom Nordabhang der Schweizer Alpen, Neues Jahrbuch I, S. 66—67) beschriebenen und als Bastit bezeichneten Gebilden, vielleicht auch mit den von v. Foullon (Über Eruptivgesteine von Recoaro, Tschermaks min.-petrogr. Mitteilungen II, 1880, S. 481—483) beschriebenen Umbildungsprodukten des Olivin aus dem Melaphyr vom Val Zuccanti bei Schio, die er l. c. als Biotit auffasst.

Feldspateinsprenglinge sind selten; nur wenige unverzwillingte Schnitte von 0,6 bis 0,8 mm Länge und gleicher Breite weisen auf tafelförmige Krystalle nach M hin. Zu ihnen gehören wahrscheinlich Feldspatleisten, die im allgemeinen einfach verzwillingt sind, aber oft zahlreiche untergeordnete, nicht selten sich auskeilende oder plötzlich absetzende Zwillingslamellen enthalten. Die Länge dieser Leisten wurde im Schnitt bis zu 0,8 mm, ihre Breite höchstens zu 0,1 mm gemessen. Einige dieser Leisten nehmen im Schliff den Feldspaten der Grundmasse gegenüber eine selbständige Stellung ein, andererseits sinkt die Grösse der Feldspatleisten so allmählich herab, dass eine scharfe Grenze zwischen den als Durchschnitte durch tafelförmige Einsprenglinge gedeuteten und den aus langsäulenförmigen Feldspaten der Grundmasse entstandenen Leisten nicht zu ziehen ist. Da aber tafelartige Durchschnitte in der Grundmasse durchaus fehlen, so muss man wohl Wiederkehr in der Feldspatbildung annehmen.

Die Feldspate der zweiten Generation bilden den Hauptbestandteil des ganzen Gesteins, hauptsächlich als Leistchen von sehr wechselnder Grösse, die noch unter 0,05 mm Länge und 0,01 mm Breite herabsinken, aber immer viel länger als breit sind. Die Leistchen sind fast immer einfach verzwillingt, selten schiebt sich noch eine oder die andere Lamelle keilförmig ein. Versucht man nach der Michel Lévyschen Methode durch Aufsuchen des Maximalwinkels der Auslöschung in Schnitten nach der orthopinacoidalen Zone annähernd die Natur des Feldspates zu ermitteln, so macht es die Wiederkehr aller Winkel bis zu ca. 20° wahrscheinlich, dass der Feldspat der Andesinreihe angehört. Auf den Umstand, dass die grösseren Leisten niemals einen so grossen Winkel aufweisen, kann bei der geringen Zahl derselben kein Gewicht gelegt werden.

Von anderen Mineralien spielen die Eisenerze eine wichtige Rolle. Sie kommen nirgends mehr in der ursprünglichen Form vor, sondern sind allenthalben in Gestalt dunkler Körner und Fetzen im Gestein verteilt und stets von Leukoxensäumen von wechselnder Grösse umgeben. Der Leukoxen von der bekannten hellbraungrauen Farbe zeigt oft seine Zusammensetzung aus Körnern sehr deutlich; in vielen Fällen sind sie schon durch ihre starke Licht- und Doppelbrechung als Titanit zu erkennen. Neben diesen Hauptkomponenten treten die übrigen Gemengteile ungemein zurück. Zu erwähnen ist Chlorit, der nicht selten sich in einzelnen Blättern in der Grundmasse findet, einzelne Serpentinzüge, die nicht mehr im erkennbaren Zusammenhange mit Olivin stehen, kleine Glimmerblättchen, Erz-, Titanit-, Epidotkörnchen u. s. w.

Die Frage, ob Glas vorhanden war, ist schwer zu beantworten. Die Feldspatleistchen der Grundmasse sind nämlich randlich zersetzt — bei schwacher Vergrösserung und gekreuzten Nikols sieht man ein Aufleuchten der Ränder jedes Leistchens in hellen Farben, während der Feldspat selbst nicht über Grauweiss hinausgeht — und erkennt mit stärksten Vergrösserungen in dem Rande jedes Leistchens neben Glimmer- und Chloritblättchen Epidot-

und Zoisitkörnchen. Durch diese Neubildungen sind natürlich die Grenzen zwischen den Leistchen verwischt, die randlichen Umwandlungsprodukte der verschiedenen Feldspate verfliessen in einander und verdecken, wenn es überhaupt vorhanden war, das Glas resp. seine event. Entglasungsprodukte. Glas kann also nur, wenn überhaupt entwickelt, als dünne Haut vorhanden gewesen sein. Wohl nicht direkt zum Gesteinsverbande gehörig, sondern als Ausfüllungen kleiner vereinzelter Hohlräume zu betrachten sind radialstrahlige, dabei oft konzentrisch struierte, gelegentlich auch aus mehreren Kugeln bestehende Gebilde von hellgelbgrüner Farbe. Der Pleochroismus ist schwach, die Doppelbrechung wechselnd, aber nicht unbedeutend, in der Faserachse liegt $\mathfrak{c}$, das ganze Verhalten deutet also auf Delessit. Bemerkenswert ist, dass auch hier die Doppelbrechung mit intensiverer Färbung, also mit Zunahme des Eisengehaltes, wächst, wie man oft an einer und derselben Faser beobachten kann. Die Grösse dieser Gebilde schwankt im Schliff zwischen 0,4 bis 0,6 mm Länge und 0,2 bis 0,4 mm Breite.

Nach dem Gesagten ist über die Struktur des Gesteins wenig hinzuzufügen: Grosse idiomorphe resp. korrodierte Olivine und ihre Umwandlungsprodukte liegen mit wenig Feldspateinsprenglingen in einer primär glasarmen oder glasfreien Grundmasse, die hauptsächlich aus schmalen verzwillingten Feldspatleisten zusammengesetzt ist; wenn Augit in der Grundmasse vorhanden war, so sind auf ihn die isolierten Chloritblätter und Epidotkörnchen zurückzuführen. Nach seinem gesamten mineralogischen und strukturellen Verhalten ist das Gestein als ein glasarmer Olivinweiselbergit zu bezeichnen.

β. Glasführende Olivinweiselbergite.

Mit dem beschriebenen Gestein nahe verwandt ist eine Varietät von dem Gandstock, die dem unbewaffneten Auge in einer grauvioletten Grundmasse grosse grüne, unklar begrenzte Flecken zeigt; auf angeschliffenen Flächen treten auf violettem Untergrunde rote und schwarze Tupfen hervor.

Im Schliff beobachtet man zunächst wieder den Olivin, der in etwas kleineren Einsprenglingen als bei dem erst beschriebenen Gestein auftritt, im übrigen aber das durchaus gleiche Verhalten nach Gestalt und Art der Umwandlung zeigt. Die Umwandlung ist im allgemeinen weiter fortgeschritten, frischer Olivin ist gar nicht mehr vorhanden, die pleochroitische Modifikation tritt an Menge gegenüber dem Endprodukt der Umwandlung, dem Eisenerz, zurück. Dementsprechend überwiegen auch auf angeschliffenen Flächen die schwarzen Tupfen über die roten. Erze sind auch hier in nicht unbedeutender Menge, aber immer in Fetzen und Körnern entwickelt; Leukoxenumrandungen und Titanitkränze um die Körner sind nicht häufig, aber vorhanden.

Den Hauptbestandteil des Gesteins bilden die mikrolithischen Feldspate der Grundmasse. Sie haben sämtlich Leistenform, ihre Länge geht selten über 0,1 mm, ihre Dicke über 0,01 mm hinaus, sinkt aber oft wesentlich darunter. Terminal gabeln sie sich oft oder verjüngen sich; Zwillingsstreifung ist sehr selten. Da Spaltrisse bei geringer Breite der Individuen fehlen, so ist die Michel Lévysche Bestimmungsart nicht anzuwenden, über die Natur der Feldspate also keine Gewissheit zu erlangen.

Ein weiterer wichtiger Bestandteil der Grundmasse ist Glas. Es ist graubraun, durchsichtig und globulitisch gekörnelt, an einigen Stellen wohl sekundär entglast, wie ein unbestimmtes Schimmern bei gekreuzten Nicols zeigt. Seine Bedeutung für den Gesteinsverband wechselt in einem und demselben Schliff sehr; bald erscheint es als eigentliche Basis, in der die Feldspatmikrolithe schwimmen, bald, und das scheint die Hauptverbreitung zu sein, als Mesostasis in eckigen, geradlinigen Räumen zwischen den Feldspatleisten, und schliesslich bildet es auch eine dünne Haut zwischen den Leisten, die selbst bei schärfster Vergrösserung nur durch die Globulite zur Anschauung kommt.

In der Grundmasse finden sich ferner untergeordnet Chloritblätter und -Fetzen, vielleicht aus primärem Augit entstanden, sowie die aus den Gemengteilen der ersten Generation hervorgegangenen Erz- und Titanitkörner.

Bemerkenswert und zur Beurteilung von stärker zersetzten Gesteinen wichtig ist die Thatsache, dass bei Anreicherung mit Zersetzungsprodukten, wie Eisenerz und Chlorit, die neugebildeten Substanzen den Raum des Glases einnehmen und dieses völlig verdecken können. Bei dem vorliegenden Gestein sind vielfach Anfänge, an einzelnen Stellen ziemlich weit fortgeschrittene Stadien dieser Umwandlung zu beobachten: Gesteine, die den höchsten Grad dieser Entwickelung — Feldspatleisten in Limonitgrundmasse — aufweisen, sind im Gandstock recht verbreitet. Nicht zum Gesteinsverbande gehört ein ganz schwach doppelbrechender Chlorit, der kleine, nicht häufige und sehr unregelmässig gestaltete Hohlräume des Gesteins erfüllt.

Das Vorhandensein nicht sehr zahlreicher Olivineinsprenglinge in einer hyalopilitischen Grundmasse, die aus fluidal angeordneten Feldspatmikrolithen in einer graubraunen, globulitisch gekörnelten Glasbasis besteht, charakterisiert das Gestein als einen typischen Olivinweiselbergit.

γ. Mandelsteinartige Olivinweiselbergite.

Beispiele für Melaphyrmandelsteine finden sich gleichfalls in grosser Verbreitung am Gandstock: so zeigt ein dunkelrotviolettes Gestein vom Nordwestabhang des Gandstocks zahlreiche mit weissen oder grünlichen Substanzen erfüllte Mandelräume; zahllose Klüfte sind gleichfalls mit weisslichen Substanzen erfüllt. Auf angeschliffenen Flächen treten auch schwarze und rote Flecke hervor.

Im Schliff erweist sich das Gestein als ein typischer Olivinweiselbergit. Olivineinsprenglinge, die bis zu 1 mm lang und $^1/_2$ mm breit werden und deren Gestalt weder durch Korrosion noch durch mechanische Einflüsse gelitten hat, sind ziemlich häufig; Olivinsubstanz ist jedoch nicht mehr vorhanden, sondern der ganze Raum mit farblosem Serpentin erfüllt, dessen Fasern untereinander annähernd parallel und in der Längsrichtung des Wirtes angeordnet sind. Auf Spaltrissen und Klüften haben sich in bekannter Weise die Eisenerze angesammelt.

Feldspateinsprenglinge finden sich in nicht zu schmalen Leisten, seltener sind annähernd gleichseitige Durchschnitte; die Umrisse deuten auf tafelförmige Krystalle, deren Länge und Breite selten über 0,7 mm hinausgeht und deren Dicke zwischen 0,2 mm und 0,3 mm ihr Maximum erreicht. Die tafelförmigen Durchschnitte sind gar nicht, die Leisten gewöhnlich einfach verzwillingt, doch schieben sich nicht selten schmale keilförmige Lamellen ein. Erwähnenswert ist die Neigung der Feldspate, sich zu Haufen zu aggregieren.

Die Grundmasse besteht hauptsächlich aus kleinen, ganz schmalen Feldspatmikrolithen, die fast immer unverzwillingt sind.

Die intersertalen Räume zwischen ihnen sind erfüllt von Limonit, dunklen Erzkörnchen und Titanit, letzterer teilweise noch in dem Leukoxenhabitus, teilweise schon in isolierten Körnchen. Diese Ausfüllung der intersertalen Räume ist offenbar sekundär, die Umwandlungsprodukte der Erze der ersten Generation sind durch die Atmosphärilien im Gesteine verteilt und nehmen jetzt die Stelle des Glases ein. Das Gestein ist reich an Mandeln, die mehrere Millimeter Durchmesser erreichen und von sehr verschiedenen Substanzen erfüllt sind: als Ausfüllung der Mandeln finden sich Karbonate in grossen einheitlichen Krystallen, Chlorit und besonders häufig sehr feinblätteriger Sericit. Bei der Erfüllung durch Sericit sind die randlichen Partien oft so feinblätterig, dass sie sich selbst mit Immersionssystemen nicht auflösen lassen, nach der Mitte zu werden die Gemengteile gröber und endlich erkennt man central Sericitblättchen, die roh radial ausstrahlen oder wirr durcheinander liegen. Auch gemischte Ausfüllungen, Mandeln mit Sericit- oder Chloritrand und Karbonatcentrum resp. Chloritrand und Sericitcentrum kommen vor.

Während die Weiselbergitstruktur des Gesteins gut erhalten ist und auch die Komponenten nur schwache dynamische Einwirkung zeigen, sind die Mandeln und ihre Ausfüllungen in hohem Grade mechanisch deformiert. Die meisten von ihnen sind langgezogen oder plattgedrückt, auch gekrümmt und ihre Ausfüllungen besonders die Karbonate, zeigen sich stark beeinflusst. Die Auslöschung ist undulös, die Zwillingslamellen und Spaltrisse sind gebogen, bisweilen in so hohem Grade, dass sie in einem und demselben Krystall halbkreisförmig verlaufen.

Vielleicht ist es gerade dem Reichtum an Mandeln zuzuschreiben, dass der Gebirgsdruck die Struktur des eigentlichen Gesteins nicht zerstört hat: die Mandeln ermöglichten ein Ausweichen einzelner Teile des kompakten Gesteins und verhinderten somit auch die Bildung von Quetschzonen bis zu einem gewissen Grade.

Stärkere dynamische Einwirkungen zeigt dem unbewaffneten Auge ein etwas höher gelegenes rotviolettes Gestein vom Nordwestabhang des Gandstocks.

Auf dem Hauptbruch macht es beinahe einen schiefrigen Eindruck, hervorgerufen durch einen sericitischen Glanz verbunden mit feiner linearer Streifung und gröberer wellenförmiger

Knickung; im Querbruch allerdings ist der massige Charakter unverkennbar. Doch auch hier zeigt sich der Einfluss des Gebirgsdrucks: die Mandelräume sind in der Richtung der linearen Streifung des Hauptbruchs langgezogen und annähernd senkrecht zu dieser Richtung ist das Gestein durch zahlreiche subparallele Klüfte wie zerschnitten. In einem Teile eines Handstückes von diesem Gestein gelangt die durch die Klüfte bezeichnete Richtung zur Herrschaft: in diesem Teile sind die Mandelräume senkrecht zu der linearen Streckung des übrigen Gesteins lang ausgezogen. Mikroskopisch ist dieses Gestein dem eben geschilderten sehr ähnlich, auch in der Ausfüllung der Mandeln, doch ist es in hohem Grade von Eisenhydroxyd durchtränkt, sodass aus einem Teige von Limonit die pleochroitischen Zersetzungsprodukte des Olivin, polynsythetisch verzwillingte Feldspateinsprenglinge und die einfach verzwillingten Feldspate der Grundmasse herausragen. Nur an den allerdünnsten Stellen und bei starken Vergrösserungen erkennt man, dass das Pigment in Schaaren kleinster Körnchen auftritt, die schleierartig die Glasbasis verhüllen. Wo der Schleier dünn wird, erkennt man, dass Glas in grosser Menge vorhanden war und im wesentlichen wohl noch erhalten ist: bei Anwendung von Immersionssystemen erkennt man mit dem Gypsblättchen, dass ein grosser Teil der Masse, in der die Feldspate der zweiten Generation liegen, die Schwingungsebene des Lichtes durchaus nicht verändert, während ein anderer allerdings, wahrscheinlich durch Entglasungsprodukte, eine schwache, unbestimmte Einwirkung hervorbringt.

Obwohl die Struktur im allgemeinen die eines Olivinweiselbergites ist, bringt das Vorhandensein von quadratischen unverzwillingten Querschnitten im Feldspat der Grundmasse leichte Anklänge an den Navittypus hervor. Mechanische Phänomene sind fast ausschliesslich auf die Mandeln beschränkt. Die langgezogene Gestalt der Mandelräume ist, wie die Art ihrer Ausfüllungen, die optischen Anomalien und die gebogenen Spaltrisse der sie erfüllenden Mineralien beweisen, sekundär. Zwar laufen parallel der Streckungsrichtung der Mandeln Sericitschnüre, gewöhnlich zu dreien oder vieren nahe aneinander, unvermittelt durch das Gestein, die die Gemengteile des Gesteins verwerfen und zwischen denen die Struktur des Melaphyrs durch Zertrümmerung der Komponenten undeutlich wird; der Menge nach verschwinden aber diese Anfangsstadien typischer Quetschzonen gegenüber dem strukturell wenig veränderten Weiselbergit. Da aber die Gestalt und die Ausfüllung der Mandelräume die Einwirkung eines starken Druckes bekunden, so ist die Erhaltung der primären Struktur wohl wieder den zahlreichen Mandelräumen, die ein Ausweichen ermöglichten, sowie der mechanischen Auslösung des Druckes durch Zerbrechen zuzuschreiben.

δ. Metamorphisch veränderte Olivinweiselbergite.

Weit stärker verändert sind Gesteine, als deren typischer Vertreter ein Vorkommen vom S.W.-Abhang des Berglihorn gelten mag. Das rötlich violette, etwas schieferige Gestein zeigt im Querbruch geschwungene, nicht sehr regelmässige Zonen, die abwechselnd rot und dunkel violett gefärbt sind; graue Zonen sind schmal und nicht so häufig wie die beiden anderen Arten. Nicht selten finden sich in den violetten Zonen rote Schmitzen, in den roten Zonen kann man gelegentlich hellziegelrote Streifen erkennen. Zahlreiche, bisweilen breite Klüfte, die das Gestein durchziehen, sind von Chlorit und Epidot erfüllt.

Unter dem Mikroskop sind von Einsprenglingen nur sehr veränderte und verdrückte Reste von Olivin, im günstigsten Falle noch die beschriebenen pleochroitischen Umwandlungsprodukte erkennbar. Im wesentlichen besteht das Gestein aus einfach verzwillingten oder unverzwillingten Feldspatleisten, die offenbar einer Generation angehören und bis 0,03 mm Länge und höchstens 0,005 mm Breite erreichen. Trotz ihrer geringen Dimensionen zeigen sie starke mechanische Deformationen, Druckzwillingsbildung und undulöse Auslöschung.

Die verschiedene Färbung der Zonen hängt mit der Umwandlung zusammen, die die Grundmasse erfahren hat. Die violetten Gesteinsteile, übrigens die Hauptmasse des Gesteins, zeigt die schon oft beschriebene Kombination von Eisenhydroxyd, Epidotkörnchen, Sericit und Chlorit.

Wird der Schleier, den das Eisenhydroxyd bildet, so dicht, dass nur noch die Feldspatleisten inselartig aus einer zusammenhängenden Limonitmasse herausragen, so erscheinen diese Gesteinsteile rot, tritt hingegen das Erz stark zurück, so bilden die Feldspatleisten mit Sericitzügen, Chloritblättchen und Epidotkörnchen, letztere oft in grosser Menge, die grauen Zonen.

Während aber die eisenreichsten Zonen die primäre regellose Lagerung der Feldspatleisten zeigen, die Struktur in den violetten Zonen bei unveränderter Lage der Feldspate durch die blätterigen Mineralien etwas schiefrig wird, so zeigen die grauen Zonen eine Parallel-Anordnung der Feldspate, sind also typisch schiefrig. Ein Gestein von der Mineralkombination und Struktur dieser grauen Zonen würde, aus dem Zusammenhange gerissen, der Erkenntnis seiner primär eruptiven Natur schon sehr erhebliche Schwierigkeiten in den Weg setzen, während die Struktur der eisenreichsten Zonen desselben Schliffes gestattet, das Gestein auf einen Weiselbergit zurückzuführen. Mit Chlorit und viel Epidot erfüllte Mandelräume sind in diesen Gesteinen reichlich vorhanden.

Als letzte ihrem Ursprunge nach sicher nachweisbare Weiselbergite müssen Gesteine vom Panixer Pass betrachtet werden. Die Gesteine bestehen aus roten und weissen, stark gefältelten Zonen, tragen einen durchaus schiefrigen Charakter und weisen makroskopisch keine irgendwie auf eine Entstehung aus Eruptivgestein deutenden Merkmale auf.

Auch unter dem Mikroskop ist das Gestein durchaus feinschiefrig, ganz schmale erzreiche und feldspat-sericitreiche Zonen wechseln miteinander ab. An einigen Stellen aber, besonders in Muldenkernen, findet sich eine andere Struktur; die schwarzen Erzkörnchen bilden dann keine parallelen Reihen mehr, sondern in Gemeinschaft mit graubraunen Putzen und Körnerhäufchen unregelmässige Züge, zwischen denen Feldspat und Sericit, untermischt mit den körnigen Gemengteilen liegt. Hier finden sich nun lange schmale Feldspatleistchen, — sie erreichen 0,3 mm Länge und 0,05 bis 0,1 mm Breite — die in der Regel einfach verzwillingt durchaus den Charakter des Hauptgemengteils der spilitischen Weiselbergite tragen. Viele von ihnen liegen unbekümmert um die Schieferung des Gesteins wirr durcheinander, ihre Längsrichtungen bilden mit der Streckungsrichtung des Gesteins und untereinander alle möglichen Winkel und beweisen so die ursprünglich eruptive Natur des Gesteins. Bestärkt wird diese Anschauung durch das Auftreten des Erzes, das sich gelegentlich in Olivinform findet und dann völlig mit den Erzhaufen nach Olivin, wie sie oben aus den typischen Melaphyren beschrieben wurden, übereinstimmt.

Die genannten Komponenten liegen in einem Aggregat von Feldspatkörnchen und Sericit, untermischt mit Erzkörnchen, die teilweise opak sind, teilweise rot durchschimmern und auffallend oft von graubraunen leukoxenähnlichen Massen begleitet werden, sowie mit Epidot- und Titanitkörnchen. Die Genese der Erze, des Titanit und Epidot, erklärt sich aus der Zusammensetzung der Melaphyre von selbst, die Feldspatkörnchen zeigen durch das Fehlen irgend welcher Krystallbegrenzung und durch undulöse Auslöschung ihre Entstehung durch mechanische Zertrümmerung. Thatsächlich findet man auch Feldspatleistchen, deren Grenzen deformiert sind und die in eine Reihe optisch selbständiger Körnchen zerfallen, also zwischen den erhaltenen Leisten und dem Körneraggregat vermitteln. Der Sericit bildet sich auch aus Feldspatsubstanz, doch ist ein Teil von ihm wohl auf Glas zurückzuführen.

In anderen Teilen besteht das Gestein wesentlich aus Karbonaten und Stengelquarz; die karbonatreichen Partien sind wohl als Ausfüllung von Mandelräumen, die hauptsächlich aus Stengelquarz bestehenden als mitgefaltete Kluftausfüllungen zu betrachten.

Noch weiter von der ursprünglichen Melaphyrnatur entfernt sich ein ähnliches Gestein von der Oberen Gurgel am Panixer Pass. Er ist aus den gleichen Komponenten wie das vorige zusammengesetzt, doch fehlen ihm primäre Feldspatleistchen fast gänzlich und quantitativ überwiegt Sericit über den körnigen Feldspat. Dass aber auch dieses Gestein aus Melaphyr entstanden ist, beweisen die zahlreichen Erzpseudomorphosen nach Olivin, die genau wie dieser Gemengteil der Melaphyre bald in vollständigen Krystalldurchschnitten, bald ganz oder teilweise korrodiert auftreten. Auch die Art der Umwandlung, teils in kompakte Massen, teils in löcherige Erzpartien, wurde am Melaphyr des Gandstocks beobachtet, ebenso finden sich oft wie bei frischen Olivinen die grösseren Individuen an einigen Stellen des Gesteins zusammengehäuft.

Besonders interessant sind kleine, sehr vereinzelte Stellen im Gestein, die mit Eisenhydroxyd durchtränkt sind und in einem zusammenhängenden Teige von Limonit divergent strahlige Feldspatleistchen, also primäre Melaphyrmineralien in primärer Anordnung zeigen und so die Genese des Gesteins zweifellos erkennen lassen.

Sieht man von diesen beiden für die Deutung sehr wichtigen, für das Gestein, wie es jetzt ist, jedoch sehr untergeordneten Thatsachen ab, so liegt ein Schiefer vor, in dem sericitreiche, erzreiche und karbonat- resp. karbonat-quarzführende Lagen miteinander wechseln: das Gestein zeigt also Lagenstruktur; die sericit- und erzreichen Lagen müssen als verworren flaserig bezeichnet werden. Somit trägt das Gestein im wesentlichen den Charakter eines geschieferten Sedimentes, auffallend wäre höchstens der Reichtum an leukoxenartigen Körnchen. Derartige Gesteine ohne die geringen Überreste, die das Gestein von der oberen Gurgel noch als Melaphyrderivat charakterisieren, finden sich in grosser Verbreitung in dem Südflügel der Glarner Doppelfalte; in ihnen vereinigen sich offenbar Abkömmlinge eruptiver basischer und sedimentärer Gesteine, die durch den Gebirgsdruck in vorläufig wenigstens nicht unterscheidbare Gebilde umgewandelt sind.

b) Navite.

Melaphyre mit typischer Labradorporphyrit-(Navit-)Struktur sind mir aus dem untersuchten Gebiete nur von einem Punkte bekannt, von dem südlich vom Gandstock gelegenen, von diesem nur durch eine schmale Einsenkung getrennten Gipfel.

Schon dem unbewaffneten Auge fallen besonders auf angeschliffenen Flächen sehr zahlreiche ziegel- bis braunrote Tupfen und Flecken auf, die sich unschwer als Feldspateinsprenglinge erkennen lassen. Unter dem Mikroskop zeigt sich die Zugehörigkeit des Gesteins nach Zusammensetzung und Struktur zur Gruppe der Navite.

Die Einsprenglinge überwiegen die Grundmasse bedeutend; erkennbar sind noch Olivin und asymmetrische Feldspate. Olivin ist so stark zersetzt und dabei fast völlig in opakes Eisenerz umgewandelt, dass man erst bei einiger Aufmerksamkeit auf rötliche pleochroitische blätterige Stellen aufmerksam wird. Dann findet man auch Ähnlichkeit mit Olivinformen heraus; ob aber bei unregelmässiger Umgrenzung und Fehlen der pleochroitischen Reste primär Olivin oder Eisenerz vorhanden war, ist nicht zu entscheiden. Ein grosser Teil des Eisenerzes sowohl wie des zersetzten Olivins ist in Form von opaken schwarzen Erzkörnern oder von Limonit im Gestein verteilt.

Die Feldspateinsprenglinge erweisen sich als Tafeln, die über 1 mm lang und bis zu 1 mm breit werden. Sie zeigen selten regelmässige Zwillingsbildung, gewöhnlich ändern die Lamellen ihre Breite oder scheinen durch undulöse Auslöschung in einander zu verschwimmen. Soweit die Gestalt nicht durch Korrosion gerundet ist, sind die Feldspate vollkommen idiomorph. Längs der Spaltrisse und Klüfte ist Limonit infiltriert, ausserdem aber ist die ganze Feldspatsubstanz wolkig getrübt. Als Ursache der Trübung erkennt man mit stärksten Vergrösserungen einen bräunlichen Staub; einzelne durch Grösse hervorragende, aber immer noch minimale Körnchen haben das Aussehen von Limonit. Von Umwandlungsprodukten findet man längs der Spaltrisse und auf Klüften wenig farblosen Glimmer.

Auffallend ist die Neigung der Feldspate, zu Gruppen zusammenzutreten. Es entstehen dadurch eigentümlich rundlich begrenzte Gebilde, die besonders durch Erzsäume den Eindruck von Mandeln hervorbringen; die Anwendung der Nicols jedoch, wie die Beobachtung, dass gelegentlich Grundmasse zwischen die Feldspate eindringt, zeigen deutlich, dass ein Agglomerat von Einsprenglingen vorliegt.[1]

Augiteinsprenglinge sind nicht mehr vorhanden; Chloritanhäufungen in Formen, die der Grundmasse gegenüber ziemlich selbständig auftreten, lassen sich vielleicht auf sie zurückführen.

Die Grundmasse besteht wesentlich aus Feldspat, der in kurzen zwillingsgestreiften Leisten und gelegentlich quadratischen ungestreiften Durchschnitten auftritt. Neben ihm spielt Sericit eine grosse Rolle, der gewöhnlich in Schnüren die Feldspate der

[1] Der Freundlichkeit des Herrn Prof. Dr. Heim verdanke ich die Möglichkeit, die von den Escherschen Stücken angefertigten Schliffe, die Professor Dr. Schmidt seiner Arbeit zu Grunde legte, mit den von mir gesammelten Gesteinen vergleichen zu können. Die mandelartigen Plagioklashaufen des Gesteins von der Wildmaad in den Glarner Freibergen sind offenbar ihrer Entstehung nach den eben beschriebenen gleich; die von Schmidt (Neues Jahrbuch, 1887, I, S. 65—66) beschriebenen „Mandeln" mit Plagioklas und Hornblende sind ihrer Mineralzusammensetzung nach von dem übrigen Gestein zu abweichend, auch in der Struktur zu scharf abgesondert, um auf dieselbe Weise erklärt zu werden. Sie scheinen thatsächlich Mandeln mit umgewandelter Ausfüllung zu sein.

ersten und der zweiten Generation umzieht, aber auch in grösseren Faserbündeln und kurzen breiten Bändern auftritt. Chlorit ist ziemlich häufig, Erze und Titanitkörnchen, die aus den Einsprenglingen stammen, allenthalben verbreitet. Bei der fortgeschrittenen Umwandlung der Grundmassen, die sich hauptsächlich durch die Sericitschnüre zu erkennen giebt, und bei der intensiven Durchtränkung des Gesteins mit Limonit ist über das Vorhandensein oder Fehlen von Glas nichts zu ermitteln.

Das Gestein ist von zahlreichen Klüften durchzogen, die hauptsächlich von gestreiftem Feldspat, Chlorit und Sericit erfüllt sind und nur ganz vereinzelt Quarzkörner führen. Nicht selten umschliesst die Gangausfüllung Teile des ursprünglichen Gesteins, die, vom Salbande losgerissen, in den Neubildungen schwimmen. Der neugebildete, wasserhelle Feldspat ergänzt die durch die Kluftbildung zerrissenen Feldspate des Gesteins wieder zu ganzen Krystallen; er wächst von den Salbändern her mit derselben optischen Orientierung wie das alte Feldspatkorn nach der Mitte und behält mit geringen Verschiebungen sogar die Breite der Zwillingslamellen des zerrissenen Einsprenglings bei. Da nun die Einsprenglinge gegen das Salband der Kluft natürlich ganz beliebige Stellungen einnehmen, so entstehen in der Gangausfüllung, soweit Feldspate zusammenstossen, panidiomorphe Begrenzungen.

Chlorit ist in Blättern und in Aggregaten von Blättern entwickelt; bemerkenswert ist an ihm der Wechsel von Pleochroismus und Doppelbrechung in den einzelnen Blättern. Soweit das Blatt grüne Farbe zeigt, verhält es sich ganz wie Chlorit, durch gelbe Stellen geht aber ein und dasselbe Blatt in braune Substanzen über, die dann ziemlich starken Pleochroismus zwischen hellgelb und braun und kräftige Doppelbrechung zeigen, ohne dass zwischen den braunen und grünen Teilen eine scharfe Grenze vorhanden wäre. Da die braunen Partien sich immer in der Nähe von sehr schmalen, mit Eisenhydroxyd erfüllten Äderchen finden, so darf man das Stärkerwerden des Pleochroismus und der Doppelbrechung wohl mit der Aufnahme von Eisenoxyd in Verbindung bringen. Sehr oft ist der Chlorit von zahlreichen kleinen Körnchen von Titanmineralien durchspickt.

Sericit findet sich in kleinen scharenweise auftretenden Blättchen, die gern den Chlorit begleiten. In den Gängen treten nur Substanzen auf, die entweder mit den im Gestein primär vorhandenen übereinstimmen, wie der gestreifte Feldspat, oder als Umwandlungsprodukte auch in den Gesteinsverband eintreten, wie Chlorit, Sericit, Eisenhydroxyd und die Titanmineralien. Die ganze Mineralzusammensetzung, besonders das reichliche Vorkommen der Titanmineralien, führt zu der Auffassung, dass die Gangausfüllungen in diesem Falle aus dem Gesteine stammen.

Eine eigentümliche Zwischenstellung nimmt ein Gestein vom Nordabhange des Gandstockes ein, das mikroskopisch durch seine Dichte und seine braunrote Farbe den Gesteinen von Weiselbergittypus gleicht, unter dem Mikroskop sich aber durch die Struktur seiner Grundmasse von ihm unterscheidet. Am besten würde man es als einen Navit charakterisieren, in dem die Einsprenglinge ungemein zurücktreten. Das Gestein enthält nicht sehr zahlreiche Olivin-Einsprenglinge, die in der oben beschriebenen Weise zersetzt sind; die Erze sind wie gewöhnlich in Körner von Magnetit mit Leukoxen und Titanit aufgelöst.

Der Hauptbestandteil des Gesteins ist auch hier wieder der Feldspat, der seinem ganzen Habitus nach nicht als Einsprengling betrachtet werden kann. Er ist in Leisten von sehr verschiedener Länge entwickelt; neben ganz kleinen wurden Leisten bis zu 1 mm Länge und 0,2 mm Breite gemessen. Charakteristisch ist für sie im Vergleich zu den Feldspaten der zweiten Generation in den Weiselbergitgesteinen die grössere Breite; je kleiner die Feldspate sind, desto breiter werden im Verhältnis die Leisten, wenn auch schmale nicht ganz fehlen. Fast alle Leisten sind verzwillingt; in Schnitten mit symmetrischer Auslöschungsrichtung weicht diese nicht selten von der Zwillingsebene 20 Grad ab. In vielen Fällen ist mehr als einfache Zwillingsbildung vorhanden, dann keilen sich die eingeschobenen Lamellen aber in der Regel aus, springen ab oder entfernen sich in der Auslöschungsrichtung nur wenig von der des Hauptindividuums. Die Vermutung, dass hier dynamische Einflüsse sich sekundär geltend gemacht haben, wird bestärkt durch die Beobachtung, dass einzelne Lamellen oft nicht gleichzeitig auslöschen, sowie durch gebogene Individuen, die typisch undulöse Auslöschung zeigen, während ihnen mehrfache Zwillingsbildung durchaus fehlt.

Wichtig zur Beurteilung des ganzen Gesteins sind nicht seltene quadratische ungestreifte Querschnitte durch Feldspate. Die Feldspate liegen gern um Olivineinsprenglinge oder Mandelräume fluidal geordnet in einer Grundmasse von hellem Glas, an dessen Stelle zwischen den Leistchen sich nicht selten auch Chlorit findet. In anderen Fällen nehmen Chlorite eine etwas selbständigere Stellung ein und sind dann wohl aus Augit entstanden.

Erze und Titanitkörnchen finden sich, wie erwähnt, im Gestein weit verbreitet; die kleinen Erzkörnchen lassen bei schwachen Vergrösserungen den ganzen Schliff unruhig grau erscheinen, nur die wasserhellen Feldspate heben sich deutlich ab. Während die breite Leistenform der Feldspate sowie das Vorhandensein ungestreifter Feldspate für den Navittypus charakterisch ist, so deutet das Zurücktreten der Einsprenglinge gegenüber den grossen und selbständig gewordenen Elementen der Grundmasse auf den Tholeiittypus. Auch die Art, wie die helle Glasbasis bald als Kitt für die Feldspate dient, bald auf intersertale Räume zurückgedrängt ist, passt auf eine Zwischenstellung des Gesteins zwischen Navit und Olivintholeiit.

Mandeln von primär unregelmässiger Gestalt sind in dem Gestein nicht selten; sie sind erfüllt von Chlorit, in welchen Titanit in haubenförmigen Aggregaten von Körnern, mit der flachen Seite an der Grenze zwischen Mandel und Gestein aufgewachsen, hineinragt.

Schon bei der Beschreibung der Feldspate wurden dynamische Einflüsse geschildert, noch deutlicher werden sie durch die Mandeln zur Anschauuug gebracht. Neben den erwähnten unregelmässigen Hohlräumen finden sich, in einzelne Züge angeordnet, sehr stark langgezogene Mandeln — unter ihnen sind solche von 3 mm Länge und einer maximalen Breite von 0,2 mm keine Seltenheit. Die Feldspatleistchen, die ursprünglich die Mandel fluidal umgeben, stehen jetzt auf beiden Seiten der Mandel parallel zu ihrer Längsrichtung. In der Fortsetzung dieser Längsrichtung ausserhalb der Mandeln sind die Feldspatströme geknickt, sodass fischgrätenähnliche Zeichnungen entstehen. Diese Erscheinungen sind immer auf ganz schmale Zonen beschränkt; ausserhalb dieser Zonen ist die Struktur des Gesteins und die Gestalt der Mandelräume durchaus unverändert. Es sind dies wohl die ersten Anfänge einer Quetschzone, wenn man überhaupt eine Stelle maximaler Einwirkung des Gebirgsdruckes, an der weder Lösung der Kontinuität noch Mineralneubildung zu beobachten ist, so bezeichnen darf. Ein principiell gleiches, nur sekundär verändertes Gestein tritt am Nordabhang des Gandstocks auf. Das Gestein ist dicht, grünlich, mit grünen Flecken, etwas schiefrig und zeigt unter dem Mikroskop die gleiche zwischen Navitgrundmasse und Tholeiit schwankende Struktur. Die Räume zwischen den Feldspatleisten sind jedoch mit Chlorit ausgefüllt, der also die Stelle des Glases einnimmt. Die grünen Tupfen sind mit Chlorit erfüllte Mandelräume. Epidot ist nur in einzelnen Körnern, Erz in zahllosen Körnchen und Stäubchen entwickelt. Von besonderem Interesse ist der grosse Chloritreichtum des Gesteines.

c) **Olivintholeiite.**

Typische Tholeiite, allerdings nicht völlig unverändert, sondern ähnlich wie das zuletzt beschriebene Gestein beeinflusst, fand ich in den Glarner Freibergen am Abhange des Sonnenberges gegen die Niederenalp.

Das dichte graugrüne rothschieferige Gestein ist auf dem Hauptbruch und den Ablösungsflächen von Chlorit überzogen. Unter dem Mikroskop zeigt sich, dass das Gestein hauptsächlich aus ziemlich gleich grossen ca. 0,5 mm langen und 0,15 mm breiten Feldspatleisten besteht. Die Feldspatleisten sind in der Regel einfach verzwillingt, zeigen häufig aber Druckzwillingsbildung mit allen ihren charakteristischen Merkmalen; wenn letztere fehlt, so sieht man häufig undulöse Auslöschung der beiden Teile des Zwillings.

Chlorit tritt in doppelter Form auf, sowohl in selbständigen Partien, die von Erzen begleitet sind und als Zersetzungsprodukte von Augit und Olivin aufgefasst werden müssen, als auch unselbständig zwischen den Feldspatleisten. Auch hier wächst mit Zunahme des Eisengehalts die Doppelbrechung.

In ziemlich beträchtlicher Menge sind Sericit und Erze entwickelt, letztere gewöhnlich in schmalen unregelmässigen zerhackten Streifen; auch die Titanmineralien treten in Körnchen auf. Wo Erze in Häufchen von selbständiger Gestalt erscheinen, müssen sie zum Teil auf Olivin zurückgeführt werden.

Sucht man über die Struktur Klarheit zu gewinnen, so muss man primäre und sekundäre Anordnung der Gemengteile unterscheiden: regellos angeordnete idiomorphe Feldspatleisten von ziemlich gleicher Grösse, also einer Generation angehörig, verbunden mit starkem Zurücktreten der Grundmasse, beweisen eine primär vorhandene Tholeiitstruktur; die sekundäre durch den Gebirgsdruck hervorgerufene Anordnung ist netzartig und zugleich typisch faserig.

Chlorit, Sericit und die Magnetitleistchen bilden in langen Zügen ein feines Netz, dessen Maschen von je einer Feldspatleiste erfüllt sind. Mit dieser feinen Netzstruktur ist eine gröbere flaserige verbunden, indem breitere gewundene Züge von Chlorit, Sericit und Erz das Gestein durchziehen, sich berühren und so Flasern bilden, die von dem feinen Netzwerk erfüllt sind. Eine Parallelanordnung der Feldspatleisten hat nicht stattgefunden, so dass die Struktur, wenn man die Feldspate berücksichtigt, typisch tholeütisch ist; gleichzeitig ist aber die sekundäre Flaserstruktur sehr deutlich erkennbar.

Weit schärfer ausgeprägt ist die sekundäre Struktur auf Kosten der primären bei einem ähnlichen Gestein von demselben Fundpunkt. Das Gestein ist noch reicher an Feldspat, aber seine Leistenform hat gelitten; wohl sieht man, dass die Feldspate vorwiegend nach einer Richtung ausgebildet sind, aber sie sind oft gebogen, mechanisch deformiert und die Grenze ist besonders dort wo Sericit sich hervorragend an dem Maschengewebe beteiligt, nicht mehr geradlinig: die Feldspate verjüngen sich dann gern spindelförmig nach den Enden. Diese Verhältnisse zeigen, dass der Sericit vom Feldspat stammt.

Das fremdartige Aussehen dieses Gesteines wird noch vermehrt durch zahllose Klüfte, die mit Feldspat und Chlorit erfüllt sind und das Gestein regellos durchsetzen.

d) **Anhang.**

Es schliessen sich hier eine Reihe von Gesteinen an, die sich sämtlich durch grossen Epidot- resp. Chloritgehalt auszeichnen, in ihren Anfangsgliedern noch auf eine Entstehung aus Melaphyr hinweisen, im weiteren Verlauf aber jedes Anzeichen für eine ursprünglich eruptive Natur verlieren und ebensogut aus Sedimenten entstanden sein können.

Den Anfang bildet ein schiefriges Gestein vom Ostabhange des Gandstocks, das im wesentlichen aus einem feinkörnigen Gemenge von Epidot, Chlorit, Erz- und Sericitblättchen, Titanit und Körnchen farbloser Mineralien besteht. Von diesen letzteren ist ein Teil sicher Feldspat, da sich bisweilen Zwillingsstreifung beobachten lässt, bei anderen ist nicht zu erkennen, ob sie Feldspat oder Quarz sind. Für die Entstehung aus basischen Eruptivgesteinen beweisend sind netzförmige Gebilde aus opakem Erz und rotdurchsichtigen, zum Teil pleochroitischen blätterigen Substanzen, deren Maschen bisweilen mit Serpentin erfüllt sind. Die Begrenzung dieser Gebilde ist selbständig, teilweise geradlinig; sie erreichen im Schnitte über 2 mm Länge und 1 mm Breite, kurz, gleichen in jeder Beziehung dem bei der Beschreibung des Melaphyr geschilderten umgewandelten Olivin. Ob diese Gesteine aus Tuff oder kompaktem Melaphyr entstanden sind, ist nicht mehr zu erkennen.

Verschwinden nun diese netzförmigen Gebilde, so bleibt ein feinschieferiges Gemenge von Epidot, Chlorit, Sericit, Erz, Feldspat und Quarz, event. Karbonat übrig, es entstehen also Gesteine, die sich ebenso gut wie aus einem Eruptivgestein auch aus einem Kalk und Magnesia haltenden Sediment entwickelt haben können. Solche Gesteine sind in dem Gebiete der Glarner Falte sehr verbreitet, ich kenne sie vom Panixer Pass (aus der Gegend der oberen Gurgel), vom Vorab, von der Sether Furka und anderen Gegenden. Es liegt nun keine Veranlassung vor, bei lediglich chloritreichen Schiefern die Entstehung aus einem basischen Eruptivgestein von vornherein auszuschliessen, ebensowenig wie bei epidot- und karbonatreichen Gebilden, wie zum Beispiel dem Gestein von Tamins bei Chur; im ersten Falle kann man sich das Gestein nach Analogie der Melaphyre vom Nord- und Nordwestabhang des Gandstocks oder der tholeiitischen Gesteine, die bei der Umbildung Chlorit bevorzugten, im anderen Falle aus einem karbonatreichen Mandelstein entstanden denken; ebenso gut aber finden sich in dem untersuchten Gebirge Sedimente, die sehr wohl bei mechanischer Umwandlung durch Gebirgsdruck epidotchloritreichen Schiefer liefern könnten.

Es findet also auch hier im Verlaufe der Umwandlung der Eruptivgesteine ein völliges Verwischen der primären Struktur statt; als Endglieder der Reihe entstehen Gesteine, die nach Zusammensetzung und Struktur von sedimentär gebildeten und regionalmetamorph beeinflussten Gesteinen nicht mehr zu unterscheiden sind. Die sekundären regionalmetamorphen Um- und Neubildungen, die unter dem Einflusse des Druckes entstandenen Strukturen haben die mineralogischen und strukturellen Merkmale der eruptiven wie der sedimentären Entstehung vollkommen verdrängt.

Wie nun diese Verhältnisse die nivellierende Wirkung des Gebirgsdruckes zeigen, der aus primär verschiedenen Gesteinen gleiche oder wenigstens durchaus ähnliche Gebilde erzeugt, so beweist andererseits die Umwandlung der Melaphyre in erzreiche oder chloritreiche oder epidotreiche Schiefer die differenzierende Wirkung, die der Gebirgsdruck auf ein und dasselbe Gestein auszuüben vermag.

II.

Saure Eruptivgesteine.

Anstehende Quarzporphyre waren bisher im Gebiet der Glarner Doppelfalte nicht bekannt;[1] das nächste und auf eine lange Strecke einzige Vorkommen befindet sich in der Windgälle und ist nach Heim (Mechanismus der Gebirgsbildung I, S. 39) und Schmidt (Geologisch-petrographische Mitteilungen über einige Porphyre der Centralalpen und die in Verbindung mit denselben auftretenden Gesteine, L. J. Beilageband IV, S. 442) alt- oder vorkarbonisch. Nun treten aber im Verrucano in mächtigen Bänken Porphyrgerölle so häufig, teilweise ausschliesslich auf, dass eine Zuführung von einem einzelnen Vorkommen aus oder aus grosser Ferne nicht angenommen werden kann. Man wird vielmehr zu der Annahme gedrängt, dass Porphyre an Ort und Stelle gleich nach ihrem Erguss der zerstörenden Thätigkeit des Wassers zum Opfer gefallen sind und dass ihre gerundeten Bruchstücke, vielleicht noch in Gemeinschaft mit Tuffen, das hauptsächlichste Material zu dieser Konglomeratbildung geliefert haben.

Diese Annahme findet eine wesentliche Stütze in der Entdeckung anstehenden Porphyre in typischem Verrucano, die ich

[1] Aus der Tödigruppe erwähnt Schmidt (Neues Jahrbuch 1886, Beilage Band IV, S. 438—439), „ein graues felsitisches, massig auftretendes Gestein Petrosilex) am Nordwestabhange des Bifertengrätli, nicht weit von dem Fund-(punkte der Pflanzenreste, anscheinend in die karbonischen Schiefer eingelagert" Heim fand, wie Schmidt an derselben Stelle berichtet, auf der Sandalp (Schutthalden gegen Röthi und Tödi) zwei Bruchstücke von deutlich entwickeltem Porphyr.

auf der Exkursion im Sommer 1890 vereinzelt in der Südfalte, ein Jahr später in weiterer Verbreitung in der Südfalte und in der Nordfalte auffand.

So wahrscheinlich durch die Entdeckung der anstehenden Porphyre die oben ausgesprochene Ansicht über die Herkunft der Porphyrgerölle wird, so sollen doch, um das Hineinziehen einer Hypothese möglichst zu vermeiden, die Porphyre des Konglomerats und die anstehenden Gesteine getrennt behandelt werden.

Quarzporphyre aus dem Konglomerat des Verrucano.

In den Konglomeraten sind Porphyrgerölle und eckige Bruch stücke von sehr verschiedener Struktur und Habitus enthalten; man kann unterscheiden:

1. Quarzporphyre mit holokrystalliner Grundmasse
   a) zusammengesetzt aus zwei Generationen der Gemengteile
      α) einsprenglingsreich
      β) einsprenglingsarm.
      Anhang: Umgewandelte Porphyre.
   b) zusammengesetzt aus drei Generationen der Gemengteile.
2. Quarzporphyre mit mikrofelsitischer resp. glasiger Grundmasse
      α) einsprenglingsreich
      β) einsprenglingsarm bis frei.

1. Quarzporphyre mit holokrystallinischer Grundmasse,

a) zusammengesetzt aus zwei Generationen der Gemengteile:

α. Einsprenglingsreiche Varietäten.

Ein Geröll vom Murgsee zeigt in grauweisser Grundmasse dem unbewaffneten Auge rauchgraue Quarze, mattschimmernde Feldspatflächen und grüne Tupfen; der Eindruck, dass ein normaler Quarzporphyr vorliegt, wird durch den Schliff bestätigt.

Einsprenglinge von Quarz sind in nicht sehr grosser Zahl vorhanden, gewöhnlich sind sie etwas gerundet, Durchschnitte wurden bis zu 1,5 mm Länge und 0,8 mm Breite gemessen. Optische Anomalien sind bei ihnen nur schwach entwickelt; oft sind sie von gradlinig angeordneten Flüssigkeitseinschlüssen durchschwärmt; beide Punkte sind später näher zu besprechen.

Grösser und zahlreicher sind die Einsprenglinge des Feldspats; sie sind streng idiomorph, nur wenig korrodiert, ihre Durchschnitte sind gewöhnlich 2 mm lang und 1 mm breit, erreichen aber auch die doppelte Grösse. In der Regel sind sie gar nicht oder einfach verzwillingt, doch sind bisweilen auch Lamellen eingeschaltet, die zwei aufeinander senkrecht stehenden Systemen angehören. Diese Lamellen sind nur selten scharf begrenzt, gewöhnlich verschwimmen sie in die Hauptmasse des Krystalls, der dann zu beiden Seiten der Lamellen bisweilen eine etwas verschiedene Auslöschung hat. Die Feldspate sind bräunlich getrübt, als Ursache der Trübung erkennt man mit Immersionssystemen wolkenartig angeordneten bräunlichen Staub, in dem sich ganz schmale strichartige kurze braune Leistchen befinden. Es sind dies wohl Eisenoxyde, die sich ähnlich, gewöhnlich aber in geringerer Körneranzahl und dafür grösser, in dem übrigen Gestein finden. Als Zersetzungsprodukte der Feldspatsubstanz selbst sind Sericitblättchen aufzufassen, die einzeln, gewöhnlich reihenweise in zwei sich schneidenden Systemen im Feldspat liegen. Um jedes Sericitblättchen befindet sich ein schmaler Hof, der farblos, also nicht wolkig getrübt ist und bei gekreuzten Nicols niedrigere Polarisationsfarben und eine von der Hauptsubstanz wenig abweichende Orientierung zeigt. Die makroskopisch sichtbaren grünen Tupfen erweisen sich unter dem Mikroskop als ein Haufwerk kleiner bis 0,1 mm langer und halb so breiter Blättchen, die gute Spaltbarkeit nach einer Fläche, starken Pleochroismus, aber schwache Doppelbrechung besitzen. In den Schnitten mit den parallelen Spaltrissen erfolgt die Auslöschung annähernd parallel und senkrecht zu diesen; in der Richtung der Spaltrisse liegt die Achse kleinerer, senkrecht zu ihnen die Achse grösserer Elasticität, parallel zu den Spaltrissen geht das Licht mit tief olivengrüner Farbe, senkrecht hierzu hellweingelb bis fast farblos hindurch. Das ganze Verhalten weist auf ein Mineral der Chloritgruppe hin; die schwache Doppelbrechung in Verbindung mit dem starken Pleochroismus und der den Spaltrissen annähernd parallelen Auslöschungsrichtung deutet auf ein dem Pennin-Ripidolith nahestehendes Mineral. Die Durchschnitte der Haufen, in denen sich diese Blättchen finden, erreichen 1,5 mm bis 2 mm Länge und 0,5 bis 1 mm Breite, sie sind durchzogen von Erzschnüren und sind offenbar Umwandlungsprodukte basischer

Einsprenglinge des Quarzporphyrs. Die Blättchen finden sich auch vereinzelt im Gestein verstreut, besonders gern bilden sie Kränze um Magnetitkörner, die bei ihrer selbständigen Stellung und bei ihrer beträchtlichen Grösse — sie erreichen beinahe 1 mm Durchmesser — wohl als Einsprenglinge aufgefasst werden müssen.

Die Grundmasse ist im wesentlichen ein holokrystallines Gemenge von Orthoklas und Quarz, ihre Struktur ist schwer mit einem Worte zu bezeichnen: sie vereinigt Züge der allotriomorphen und panidomorphen Struktur. Im wesentlichen allotriomorph ist sie, weil nur ganz vereinzelte Feldspate streng krystallographische Begrenzung aufweisen, dagegen haben fast alle Feldspate rechtwinkelige Formen, die Quarze fast immer rundliche Gestalt, so dass die charakteristische Krystallform nur verschleiert erscheint. Vielleicht haben an der Verschleierung sekundäre Einwirkungen nicht unwesentlichen Anteil, da fast jedes Körnchen undulöse Auslöschung zeigt und auch kataklastische Phänomene nicht selten sind. An einen späteren Zerfall einer primär glasigen oder felsitischen Basis möchte man jedoch nicht denken.

Die Gemengteile sind keineswegs kryptokrystallin, oft zeigen sie einen Durchmesser von 0,01 mm, steigen gelegentlich etwas, sinken aber auch unter diese Grösse. Untergeordnet beteiligen sich an dem Aufbau der Grundmasse ganz kleine ferritische Körner, gelegentlich blutrote durchsichtige Hämatitblättchen, einzelne Chloritfetzen und sehr wenig Sericitblättchen.

Auf eine interessante Erscheinung wird man beim Studium der Quarze aufmerksam, die, wie erwähnt, von reihenweise angeordneten Hohlräumen oder Flüssigkeitseinschlüssen, — einmal gelang es, eine bewegliche Libelle zu beobachten — durchschwärmt werden. In einigen Fällen nun entstehen in einem Quarz breite Bänder dieser Gebilde; dann zeigt die Quarzsubstanz, in der diese Bänder auftreten, gegenüber dem übrigen Krystall einen kleinen Unterschied in der Auslöschung, ohne dass die Kontinuität gelöst wäre. Verfolgt man die durch das Band bezeichnete Richtung über das Quarzkorn hinaus, so erkennt man auch in dem übrigen Gestein Unterschiede in der Entwickelung innerhalb und ausserhalb der Zone: trifft sie einen Feldspateinsprengling, so ist er dort, wo ihn diese Zone schneidet, auffallend sericitreich, die Feldspatsubstanz differiert dann in der optischen Orientierung gleichfalls etwas von dem übrigen Einsprengling; in der Grundmasse endlich ist diese Zone von wasserhellem, also neu gebildetem Feldspat und Quarz erfüllt oder an anderen Stellen sehr sericitreich.

Die Entstehung dieser Zone ist offenbar auf mechanische Vorgänge, die zu einer vollständigen Zerreissung des Gesteins nicht genügten, zurückzuführen.

Diesem Gestein durchaus ähnlich ist ein Geröll aus dem Konglomerat des Sernfthales bei Engi. Quarz tritt nach Zahl und Grösse der Einsprenglinge dem Feldspat gegenüber zurück, seine Körner erreichen höchstens 0,5 mm Durchmesser, bleiben aber gewöhnlich unter dieser Grösse.

Von Feldspaten sind unter den Einsprenglingen Plagioklas und Orthoklas entwickelt. Plagioklas tritt in ziemlich breiten Leisten auf, die fast durchgängig polysynthetisch verzwillingt sind. Die Zwillingslamellen gehen gewöhnlich gleichmässig durch den Krystall hindurch, nur selten sind sie, und dann alle in einem Krystall entwickelten, etwas geschweift oder geknickt. Die Leisten erreichen ca 1 mm. Länge und ca 0,5 mm. Breite; soweit sie nicht mechanisch zerbrochen sind, sind sie streng idiomorph. Ein in Orthoklas eingewachsener zerbrochener Plagioklas ist in sehr interessanter Weise ausgeheilt: die jüngere Substanz, ihrem ganzen Verhalten und Habitus nach Orthoklas, ist so angeordnet, dass ein Teil genau dem Hauptkrystall, ein anderer ebenso streng der eingeschobenen Zwillingslamelle parallel orientiert ist.

Orthoklas findet sich in grossen gewöhnlich einfach zerzwillingten Krystallen; tafelartige Schnitte von 2 mm Breite und Länge sind nicht selten. Er ist entschieden jünger als der Plagioklas, den er gelegentlich umschliesst und dem gegenüber er allotriomorph begrenzt ist; im übrigen zeigt er deutliche Krystallbegrenzung. Im allgemeinen ist er frisch, nur durch braunen Staub wolkig getrübt.

Die Grundmasse besteht hauptsächlich aus Feldspat und Quarz. Der Feldspat ist ziemlich idiomorph; seine Durchschnitte, schmale Leisten oder annähernd quadratische Formen, deuten auf eine dünntafelartige Ausbildung der Krystalle. Die Länge der Leistchen resp. der Seite des Quadrats geht nur sehr selten über 0,05 mm hinaus, die Breite der Leisten ist ungemein gering. Die Leistchen löschen zum grössten Teile parallel und senkrecht zu ihrer Längsrichtung aus, Zwillingsbildung ist nicht zu beobachten; alle Merkmale stimmen auf Orthoklas.

Der Quarz der Grundmasse ist durchaus allotriomorph in Körnern entwickelt, deren Durchmesser 0,1.5 bis 0,2 mm beträgt; die Körnchen bleiben also keineswegs in der Grösse sehr stark hinter den Quarzeinsprenglingen zurück.

An dem Aufbau der Grundmasse beteiligen sich ferner kleine Erzkörnchen, teils opak, teils rot durchschimmernd, die bis zu feinem Staube herabsinken, sowie vereinzelte Sericitblättchen und kleine Fetzen von Karbonat.

β. Einsprenglingsarme Varietäten.

In die Gruppe der einsprenglingsarmen Quarzporphyre mit holokrystalliner Grundmasse und zwei Generationen der Mineralkomponenten gehört ein Geröll aus dem Konglomerat der Lochseite bei Schwanden im Sernfthale.

Orthoklas und Plagioklas als Einsprenglinge bieten den bisher beschriebenen Varietäten gegenüber keine erwähnenswerten Eigentümlichkeiten; das Gestein unterscheidet sich von denjenigen der erst beschriebenen Gruppe dadurch, dass der Quarz als Einsprengling noch mehr zurücktritt, um dafür in der Grundmasse durch Zahl und Grösse der Körner eine hervorragende Rolle zu spielen. Der Feldspat der Grundmasse findet sich in zahlreichen kleinen Lappen und Fetzen und lässt so die Quarzkörner noch deutlicher hervortreten. Die Art, wie zahlreiche Feldspatfetzchen untereinander doch noch in einem gewissen Zusammenhange stehen, sowie der Reichtum des Gesteins an mechanischen Phänomenen legen im übrigen die Vermutung nahe, die Gestalt der Feldspate zweiter Generation sei sekundär durch Zertrümmerung entstanden. Im übrigen gleicht das Gestein den bisher beschriebenen; erwähnenswert ist das Vorkommen von Zirkon in kleinen gut ausgebildeten Krystallen, die sich vereinzelt in titanhaltiges Erz eingewachsen im Gestein finden.

Das Zurücktreten der Einsprenglinge ist bei anderen Varietäten noch deutlicher ausgeprägt. Nicht weit oberhalb Murg finden sich Porphyre, die bei holokrystalliner Struktur geradezu einsprengsfrei zu nennen sind. In einem der extremsten Fälle hat sich auch der Plagioklas in die Grundmasse zurückgezogen: das Gestein besteht ausschliesslich aus kleinen zwillingsgestreiften

Feldspatleistchen, aus breiteren mehr tafelförmigen Orthoklasdurchschnitten und grösseren unregelmässig begrenzten Quarzkörnern. Auch in Gesteinen dieser Art beteiligt sich Erz in zahlreichen Körnern an dem Aufbau; in einigen Fällen finden sich auch zahlzeiche Sericitblättchen.

b) Quarzporphyre mit holokrystallinischer Grundmasse, aufgebaut aus drei Generationen der Komponenten.

Einsprenglingsreiche Varietäten.

In einer anderen Klasse von Porphyren mit holokrystalliner Grundmasse kann man drei Generationen der Gemengteile unterscheiden. Als ein typisches Beispiel sei ein Gestein dieser Art, das in weiter Verbreitung in dem Konglomerate des Murgthales auftritt, der Beschreibung zu Grunde gelegt.

Der Feldspat der ersten Generation ist hauptsächlich Orthoklas, die streng idiomorphen und vorzüglich erhaltenen Umrisse der Krystalldurchschnitte deuten auf Tafeln, deren Länge und Breite oft 2 mm übertrifft, während die Dicke 0,5 bis 0,75 mm sehr selten zu überschreiten scheint. Querschnitte, in der angegebenen Weise leistenförmig, zeigen gewöhnlich eine einfache Zwillingsbildung.

Feldspate dieser Art bilden gern durch unregelmässige Verwachsung grössere Gruppen. Fast alle Einsprenglinge sind stark in Sericit, und zwar in nicht zu kleine deutliche Blättchen dieses Minerals umgewandelt; hierbei geht aber die Umwandlung nicht wie so häufig von Spaltrissen aus und dringt regelmässig vor, sondern sie ergreift einzelne Flecke, die sehr stark verändert sind, während die unmittelbar benachbarte Substanz in demselben Krystall noch völlig frisch ist. Auch bei den stärkst zersetzten Feldspaten ist zwischen den Sericitflecken noch frische Substanz erhalten. Quarzeinsprenglinge, das heisst Quarzkrystalle, die durch ihre Grösse und Form sich als Gemengteile der ersten Generation erweisen, sind in dem Geröll nicht mehr vorhanden; sie werden vertreten durch rundliche Haufen von Quarzkörnern. Diese Haufen zeigen durch ihre Grösse, — sie erreichen einen Durchmesser bis zu 2 mm — ihre selbständige Stellung im Gestein und die gesetzmässige Anordnung der Quarzkörnchen, dass sie zertrümmerte Quarzeinsprenglinge sind. Die Körnchen nehmen in einem solchen Haufen von der Mitte nach dem Rande des

Gebildes zu an Grösse recht beträchtlich ab: während in der Mitte Körnchen mit einem Durchmesser von 0,4 mm auftreten, sinkt der Durchmesser der randlichen Körnchen auf den zehnten Teil und darunter. Je kleiner der Quarzeinsprengling war, desto gleichmässiger sind die Körnchen, in die er zerfallen ist.

Als Reste von Einsprenglingen lassen sich endlich opake, grösstenteils in Eisenhydroxyd umgewandelte Erzreste betrachten, die zwar keine idiomorphe Begrenzung besitzen, aber durch ihre Grösse und Selbständigkeit die Zugehörigkeit zu den Bildungen erster Generation erweisen.

Die Grundmasse enthält neben sekundären Bildungen die Gemengteile der zweiten und dritten Generation. Der zweiten Generation gehören Feldspatleisten an, die 0,3 mm lang, dabei aber recht schmal sind und einen wichtigen Bestandteil der Grundmasse bilden. Sie sind meistenteils unverzwillingt, löschen fast immer parallel und senkrecht zu der Längsrichtung aus und sind somit trotz ihrer Leistenform als Orthoklas zu betrachten. Der Hauptteil der Grundmasse besteht aus Gebilden der dritten Generation und ist ein allotriomorphes Gemenge von sehr kleinen Körnchen, die, soweit es sich bei der geringen Grösse bestimmen liess, zum grösseren Teile Quarz sind; doch wurde auch Feldspat nachgewiesen. Das Zurücktreten des Feldspats steht wohl im Zusammenhange mit der wichtigen Rolle, die Sericit als sekundäres Gebilde in der Grundmasse spielt; der Feldspat der dritten Generation ist eben zum grössten Teile der Umbildung in Sericit zum Opfer gefallen, was bei dem vorgeschrittenen Grade der Sericitisierung, den die Einsprenglinge aufweisen, nicht befremden kann.

Das ganze Gestein endlich ist durchtränkt von Eisenhydroxyd, das in Häuten jedes einzelne Körnchen der Grundmasse umgiebt, auf Rissen in die Einsprenglinge eindringt, sie wie ein dicker Kranz umschlingt und schliesslich selbständig in Körnchen einen wichtigen Gemengteil des Gesteins bildet.

Ein gleich zusammengesetztes und durchaus ähnlich struiertes Porphyrgeröll aus dem Murgthal zeigt eine sehr bemerkenswerte Erscheinung. In seiner unmittelbaren Nähe liegt im Konglomerat ein Geröll eines sehr feldspatreichen Gneisses oder Granites, auf dessen Beschaffenheit an einer anderen Stelle einzugehen ist; zwischen beiden Geröllen befindet sich eine 5 mm breite Partie, die auf einer angeschliffenen Fläche dunkel, im Schliff dem unbewaffneten Auge graugrün durchsichtig erscheint. Nähert man sich nun in dem Porphyrgeröll von der Mitte aus der Seite, an der diese graugrünen Massen liegen, so bemerkt man eine mit der Entfernung vom Centrum stark zunehmende randliche Zertrümmerung. So wird ein einziger randlich gelegener Feldspateinsprengling von 6 bis 8 Trümern, die mit Quarz, Feldspat und Sericit erfüllt sind, durchsetzt und treppenförmig verworfen; an anderen Stellen werden Bruchstücke des Porphyrs von der Hauptmasse losgerissen und, immer noch in ihrer Porphyrnatur deutlich erkennbar, wie Inseln von breiten Strömen, die aus den genannten Neubildungen bestehen, umflossen. Jenseits dieser ca. 2 bis 3 mm breiten Zone, in der die Neubildungen stets die Natur von Gangausfüllungen haben, liegt langsam in sie übergehend die erwähnte graugrüne Partie, die sich unter dem Mikroskop als ein flaseriger Sericitschiefer darstellt. An einigen Stellen fehlt die eben beschriebene Zone mit den Porphyrresten; dann berührt sich der kompakte Porphyr unmittelbar mit dem Sericitschiefer.

In diesen schiefrigen Teilen fällt zunächst die abweichende Stellung des Sericits auf. Während dieses Mineral sich sonst hauptsächlich in Lagen und Bändern an der Flaserbildung beteiligt, überlässt es hier die flaserige Umrahmung der Gemengteile dem Chlorit, den schwarzen Erzkörnchen und dem Eisenhydroxyd; seine nicht unbeträchtlich grossen Blättchen bilden gewöhnlich annähernd rechtwinkelige Aggregate, die nach Gestalt und Grösse sich teils auf die Feldspate erster, theils auf die zweiter Generation des Porphyrs zurückführen lassen und genau wie die Feldspate flaseriger Feldspatgesteine von Chlorit und den Erzkörnchen umzogen werden. Der Eindruck, dass diese schiefrigen Partien aus dem Porphyr hervorgegangen seien, wird noch vermehrt durch den Umstand, dass bisweilen rechtwinkelige Sericitaggregate schief oder sogar quer zur Flaserung liegen. Neben den erwähnten Mineralien finden sich noch hauptsächlich in den Chloritzügen kleine Quarzkörnchen, analog denen der Porphyrgrundmasse und als charakteristische Neubildung ein stark pleochroitisches Mineral der Glimmergruppe, dessen Durchschnitte bis 0,2 mm Länge und 0,1 mm Breite erreichen. In den Schnitten senkrecht zur Basis liegt parallel zu den nicht sehr scharfen

Spaltrissen die Achse grösserer Elasticität und ihr parallel geht das Licht farblos bis hell weingelb hindurch; senkrecht hierzu, parallel der Achse der kleineren Elasticität, ist die Absorption stark, die durchgelassenen Strahlen sind dunkelbraun. Auffallend sind hierbei bläuliche Thöne, die in verschwommenen Flecken auftreten, während die übrige Substanz braun erscheint. Der Winkel, den die Auslöschungsrichtung mit den Spaltrissen bildet, ist, wo er sich überhaupt feststellen lässt, sehr klein, die Doppelbrechung ist recht kräftig und diese beiden Umstände sprechen gegen die Auffassung dieses Minerals als eines Gliedes der Chloritoidgruppe, an die man wegen der geringen Vollkommenheit der Spaltrisse und des blauen Tones gern denken möchte.

Ist die hier vorgetragene Deutung richtig, d. h. ist der eigenartige Sericitschiefer wirklich aus dem Porphyrgeröll hervorgegangen, so ist die schiefrige Zone als eine randliche Reibungsbreccie des Porphyrs aufzufassen. Für diese Anschauung spricht

1. die zunehmende mechanische Beeinflussung des Porphyrgerölles vom Centrum nach dem Rande zu,
2. die Thatsache, dass sich der Sericitschiefer eng an den Porphyr anschmiegt und somit eine für ein Geröll unverständliche sichelartige Gestalt aufweist,
3. die beschriebenen stofflichen und strukturellen Eigentümlichkeiten der schiefrigen Zone.

Anhang.

Gebilde, wie diese flaserig gewordene Reibungsbreccie sind als selbständige Gerölle in den Verrucanokonglomeraten nicht selten; besonders häufig finden sich solche grünlich schiefrige Einschlüsse in Konglomeraten des Sernfthales. Man kann in diesen Gebilden eine vollständige Entwickelungsreihe feststellen: von Porphyren gelangt man zu Porphyrschiefern im Sinne der Schweizer Geologen, zu flaserigen sericitischen Schiefern, in denen in einer Grundmasse von kleinen Feldspat- und Quarzkörnchen Sericitschnüre mit Chloritblättchen, schwarzem Eisenerz und Limonitkörnchen grosse Quarze sowie Orthoklas- und Plagioklaskrystalle flaserig umschliessen. Die Feldspataugen zeigen oft noch in ihrer Umgrenzung ihre selbständige Stellung und durch den Gegensatz ihrer Grösse zu den übrigen Gemengteilen ihre Einsprenglingsnatur; dabei sind sie oft zerbrochen, von sekundären

Zwillingslamellen, die in den einzelnen Bruchstücken eines Krystalls vollkommen unabhängig sind, durchsetzt und schliesslich auch an zwei Enden abgerundet und dann gewöhnlich in Sericit verwandelt. Die nächste Stufe bezeichnen Bruchstücke von Gesteinen, die durchaus der beschriebenen Reibungsbreccie entsprechen und von den Porphyrschiefern hauptsächlich durch die völlige Umwandlung der Einsprenglinge in Sericit etc. verschieden sind; an sie schliessen sich Gesteine, bei denen der Sericit nicht mehr in Aggregaten auftritt, die durch ihre Gestalt auf eine Entstehung aus Feldspaten hinweisen, so dass die Gebilde als mehr oder minder flaserige Sericitschiefer zu bezeichnen sind, die sich durchaus gleich auch aus normalen Sedimenten entwickeln.

---

2. Quarzporphyre mit mikrofelsitischer resp. glasiger Grundmasse.

In eine andere Gruppe gehören Porphyrgerölle mit nicht holokrystalliner Grundmasse; auch sie zerfallen in einsprenglingsreiche und einsprenglingsarme bis freie Varietäten. Im Gegensatz zu den holokrystallinen Gesteinen ist hier Quarz unter den Einsprenglingen, soweit sie vorhanden, vorherrschend entwickelt.

a. Einsprenglingsreiche Varietäten.

Als Typus der einsprenglingsreichen Varietäten kann ein Geröll aus dem Verrucano des Murgthales oberhalb Murg gelten.

In der lichten splitterigen rotbraunen Grundmasse erkennt das unbewaffnete Auge rauchgraue Quarze in grosser Zahl, während die schimmernden Spaltflächen des Feldspates stark zurücktreten; im Schliff tritt der Gegensatz zwischen Grundmasse und den Gemengteilen der ersten Generation noch deutlicher hervor.

Unter den Feldspateinsprenglingen unterscheidet man Plagioklas und Orthoklas.

Plagioklas findet sich in Durchschnitten, die auf eine nicht zu dünne Tafelgestalt der Krystalle hinweisen. Er ist vollständig idiomorph, deutlich polysynthetisch verzwillingt, dabei stark zersetzt und in Karbonat umgewandelt; die Tafeln sind, soweit sich aus der Kombination verschiedener Schnitte beurteilen lässt, ca. 2 mm lang, ebenso breit und 0,5 mm dick. Ähnliche Dimensionen besitzen die Orthoklase, die gar nicht oder einfach verzwillingt sind und keine besonderen Eigentümlichkeiten aufweisen.

Quarz herrscht der Menge nach unbedingt vor; seine Durchschnitte sind, soweit sie durch Korrosion nicht verändert sind, streng idiomorph und lassen sich auf die Dihexaederform zurückführen. Die Grösse der Körner schwankt; der Durchmesser wächst von 0,5 bis 3 mm. Einbuchtungen, schlauchförmiges Eindringen der Grundmasse in den Krystall, scheinbare Einschlüsse von Grundmasse, Flüssigkeitseinschüsse, kurz alle Eigentümlichkeiten des Porphyrquarzes lassen sich in diesem Gestein studieren.

Die Grundmasse besteht aus mikrogranitischen, granophyrischen und mikrofelsitischen Partien, die sich im allgemeinen schon ohne Anwendung des Analysators unterscheiden lassen: die mikrogranitischen Teile der Grundmasse sind farblos, die mikrofelsitischen durch einen feinen Staub braun gefärbt. Da aber das Korn der mikrogranitischen Partien bis zur äussersten Feinheit herabsinkt, andererseits auch untergeordnet farbloser Mikrofelsit auftritt, so ist das Studium des Verhältnisses beider Strukturformen zu einander nur mit den allerstärksten Vergrösserungen und in ganz dünnen Schliffen möglich.

Der mikrogranitische Teil der Grundmasse besteht aus kleinen Körnchen; die meisten geben, wenn überhaupt ihre Grösse eine Untersuchung in konvergentem polarisiertem Licht gestattet, das Achsenbild eines positiven einachsigen Krystalls, sind also Quarz; doch kommen auch Feldspate vor.

Durch langsame Übergänge sinkt das Korn zum kryptokrystallinen Gemenge, das nur an dünnsten Stellen durch Anklänge an Aggregatpolarisation von dem Mikrofelsit zu unterscheiden ist, wenn man die Unterschiede in der Färbung nicht gelten lassen will. Der granophyrische Teil der Grundmasse lässt sich eigentlich nur in Pseudosphärolithen nachweisen, die sich zwar nur sehr selten in Körnchen auflösen lassen, aber bei gekreuzten Nicols eine unregelmässige Interferenzfigur mit mehr als vier Balken liefern oder auch in Büscheln sich um die Einsprenglinge festsetzen. Eine deutliche granophyrische Verwachsung von Quarz und Feldspat ist bei den gröberkörnigen Teilen der Grundmasse entschieden nicht vorhanden und scheint auch bei den mikrokrystallinen zu fehlen.

Der Mikrofelsit tritt als ein äusserst feinschuppiges Gemenge auf. An vielen Stellen beeinflusst er das polarisierte Licht gar nicht, dann liegen die Schüppchen regellos durcheinander; an anderen findet ein streifenartiges Aufleuchten statt, dann haben sich die Schuppen parallel geordnet, oder die Substanz bildet die charakteristischen radialfaserigen Gebilde, die sich aus optisch negativen Fasern und Strahlen aufbauen, in vielen Fällen bei gekreuzten Nicols ein präcises Kreuz parallel den Nicolhauptschnitten zeigen und deutlich, wenn auch schwach doppelbrechend sind. Der radialfaserige Charakter dieser Gebilde, die in dem der Beschreibung zu Grunde liegenden Gestein einen Durchmesser von 0,5 bis 1 mm erreichen, wird verstärkt durch offenbar sekundäre Sericitfasern, die sich streng radial in den Mikrofelsit einlagern, sowie durch primär radiale Anordnung des erwähnten braunen Staubes, des Ferrits Vogelsangs, der in dem nicht radial struierten Mikrofelsit wolkig, bald stärker, bald schwächer färbend angeordnet ist.

Das Centrum der Mikrofelsitsphärolithe wird häufig von einem Quarz- oder Feldspatkörnchen gebildet, bisweilen zeigt es auch mikrogranitische Struktur; in manchen Fällen ist das kugelige Gebilde randlich von einer dünnen Schale von wasserheller, optisch inaktiver Substanz umgeben, die absolut strukturlos ist und deswegen für Glas gehalten werden muss. Schon Vogelsang machte auf das Nebeneinandervorkommen von Mikrofelsit und Glas aufmerksam und betonte die Farblosigkeit des Glases im Gegensatz zur Pigmentierung des Mikrofelsits. Diese Erscheinung ist die beste Stütze für die Auffassung des Mikrofelsits als einer chemischen Verbindung nach festen stöchiometrischen Verhältnissen, in der für den Fe-Gehalt des magmatischen Restes kein Platz war, während beim Erstarren zu Glas keine Veranlassung zur Ausscheidung des Eisens vorlag. Solche farblose amorphe, optisch inaktive Teile der Grundmasse finden sich auch sonst vereinzelt in dem Gestein, treten aber der Menge nach bedeutend zurück.

Mikrogranit und Mikrofelsit sind in annähernd gleicher Menge entwickelt und bilden in schlieriger Verflechtung den Hauptteil der Grundmasse; wo sie sich durchdringen, erweist sich der Mikrofelsit besonders durch radiale Anordnung um Mikrogranitpartien als der jüngere. Granophyrisch struierte Partien spielen keine grosse Rolle; Glas ist, wo es auftritt, dem Mikrofelsit untergeordnet und somit der jüngste Gemengteil.

Von sekundären Gebilden verdienen Sericit und Karbonat, die als Zersetzungsprodukte der Feldspate bereits genannt waren, wegen der Rolle, die sie als Ausfüllung schmälerer und breiterer Klüfte und Spalten spielen, besondere Erwähnung. Ausser dem als primär gedeuteten ferritischen Staub treten etwas grössere Erzkörnchen, wohl sekundär aus grösseren Einsprenglingen entstanden, regellos verteilt im Gestein auf, bilden manchmal aber auch Häufchen, die wenigstens die Stelle bezeichnen, wo ein Einsprengling lag, wenn auch aus den Umrissen über die primäre Gestalt des Gebildes nichts mehr gefolgert werden kann.

β. Einsprenglingsarme Varietäten.

Wenn in Gesteinen dieser Art die Zahl der Einsprenglinge abnimmt, so überwiegen die Quarze noch mehr über die Feldspate; die Eigenschaften der Einsprenglinge wie der Grundmasse verändern sich jedoch nicht und so gelangt man schliesslich zu Gesteinen, die einsprenglingsfrei sind und im wesentlichen nur aus mikrogranitisch resp. granophyrisch struierten Partien und Mikrofelsit bestehen.

Unter den einsprenglingsarmen Varietäten zeichnet sich ein Geröll aus dem Sernfthal durch die typisch fluidale Struktur seiner Grundmasse aus: sie besteht aus abwechselnden hellen und dunklen Streifen, die einer Richtung nach parallel geordnet, im einzelnen aber gekröseartig gewunden sind.

Im Schliff scheinen manchmal helle Streifen Partien der dunkleren zu umschliessen, ebenso wie die dunkleren Teile bisweilen helle umgeben.

Der fluidale Charakter dieser Gebilde wird verstärkt durch sekundäre Sericitbildung.

In den mikrogranitischen Teilen verwandelt sich der Feldspat in Sericit, der sich in breiten Zügen an die Quarzkörnchen anschmiegt, so dass schliesslich der Mikrogranit nur aus Quarz und Sericit besteht. Schmälere Züge von Sericit finden sich in dem erwähnten speciellen Falle auch im Mikrofelsit; leider ist die Umwandlungsreihe zu vollständigen Sericitschiefern in den von mir gesammelten Stücken nicht so vollständig, wie es wünschenswert wäre.

Gerölle eines einsprenglingsfreien Porphyrs finden sich gleichfalls in den Konglomeraten des Murg- und Sernfthales. Sie bestehen zum grössten Teil aus Mikrofelsit, der hauptsächlich in Sphärolithen auftritt, sowie aus granophyrischen Pseudophärolithen. Der Durchmesser dieser Mikrofelsitsphärolithe schwankt von 0,5 bis 1 mm, der Charakter der Fasern ist negativ, das Centrum wird sehr oft von feinkörnigem Mikrogranit gebildet. Die durch ferritischen Staub verursachte lichtbraunrote Färbung nimmt von dem Centrum nach dem Rande hin zu, farblose dünne Sericitschnüre zerlegen den kreisförmigen oder elliptischen Durchschnitt in Sektoren und es entstehen so ungemein zierliche Gebilde. Auffallend sind sehr kleine Körnchen, die sämtlich bei schwächerer Vergrösserung, zum Teil auch noch bei Anwendung stärkster Systeme dunkel erscheinen, während die grösseren sich mit Immersionssystemen als farblos durchsichtig, dabei sehr stark lichtbrechend und zum Teil auch sehr stark doppelbrechend erweisen. Diese Erscheinungen deuten auf Titanmineralien; irgend ein strenger Beweis ist jedoch bei der Kleinheit der Körnchen für diese Ansicht nicht zu erbringen. Mikrogranitisch struierte Teile erscheinen ausser im Centrum der Sphärolithe auch selbständig im Gesteinsverbande; dann ist das Korn in der Regel so gross, dass Feldspat und Quarz sich deutlich unterscheiden lassen.

Schliesslich finden sich noch einige Quarz- und Feldspatkörner isoliert im Mikrofelsit. — Glas tritt nur ganz untergeordnet in dünnen Häuten auf.

Diese soeben geschilderten Gesteine sind die Haupttypen der im Verrucanokonglomerat vorkommenden Quarzporphyre; die Zah der Varietäten hätte sich leicht noch vermehren lassen, doch bieten geringfügige Unterschiede der Gesteine, sobald der Zusammenhang eines Gesteins gelöst ist, kein genügendes Interesse. Ein Vergleich dieser Typen mit den von Schmidt (Geologisch-petrographische Mitteilungen über einige Porphyre der Centralalpen etc. Neues Jahrbuch 1886. Beilage, Band IV, S. 388 ff.) beschriebenen Porphyren der Windgälle (S. 417—426) lässt unmittelbar die grosse Ähnlichkeit der Gesteine erkennen. Auch Schmidt unterscheidet zwei Hauptarten, „Feldsteinporphyre, Gesteine mit granitischer Grundmasse und vorherrschenden Einsprenglingen“ und „Hornsteinporphyre, felsitische Varietäten mit vorherrschender Grundmasse.“ In dem Konglomerat des Verrucano fehlen ebensowenig unter den Mikrograniten (den Feldsteinporphyren SCHMIDTS) die Gesteine mit viel Plagioklas unter den Einsprenglingen (SCHMIDTS Typus I), wie die mit herrschendem Orthoklas (Typus II), noch solche mit Quarz neben dem Feldspat (Typus III); SCHMIDTS Typen IV und V (Hornsteinporphyre) sind unter den Geröllen mit felsitischer Grundmasse in weiter Verbreitung vertreten. Gleichfalls in Übereinstimmung mit den von SCHMIDT an der Windgälle beobachteten Erscheinungen tritt auch in den Konglomeraten bei den mikrogranitischen Varietäten Quarz hinter Feldspat unter den Einsprenglingen zurück und spielt dafür in den felsitischen Gesteinen als Einsprengling eine grosse Rolle. An der Windgälle nicht vorhanden sind zwei unter den Geröllen ziemlich häufige Typen: einsprenglingsarme bis einsprenglingsfreie Mikrogranite und einsprenglingsreiche Felsophyre.

Anstehende Quarzporphyre.

Anstehende Quarzporphyre fand ich in dem Nordflügel der Glarner Doppelfalte in zwei ziemlich naheliegenden Lokalitäten in den Glarner Freibergen, an der Schwirrenwand und in der oberen Küche oberhalb Mettmen. Sie liegen, den Schichten des Verrucano konkordant eingelagert, räumlich unter den Melaphyren, sind also wohl älter als diese; dieses Verhältnis scheint in dem Gebiet der Doppelfalte allgemein zu sein, wie das überwiegende Auftreten der Porphyrgerölle in allen Schichten der Konglomerate zeigt, während Melaphyrgerölle sich nur in geringer Zahl und, so weit ich es auf meinen Exkursionen feststellen konnte, hauptsächlich in den höheren Lagen finden.

Der Habitus der Porphyre der Nordfalte ist bis zu einem gewissen Grade gneissähnlich, besonders der Hauptbruch des flaserig schiefrigen grünlichen Gesteins, in dem grosse Feldspate, vereinzelte nicht kleine Biotitblätter und Quarzkörner in das Auge fallen, macht den Eindruck eines glimmerarmen Gneisses. Der Querbruch trägt, besonders an angewitterten Stellen, durch die herausgewitterten Feldspate einen mehr porphyrischen Charakter; bei genauerer Betrachtung spricht gegen die Auffassung des Gesteins als Gneiss die annähernd idiomorphe Begrenzung der Feldspate, die das Gestein dem Porphyrschiefer der Schweizer Geologie nähert. Zu den genannten Mineralien gesellen sich, für das unbewaffnete Auge bemerkbar, auf angeschliffenen Flächen noch grosse dunkelgrüne Tupfen eines chloritischen Minerals.

Bei dem Gestein aus der oberen Küche oberhalb Mettmen tritt der Charakter des Quarzporphyrs unter dem Mikroskop deutlich hervor; die Gegensätze zwischen Grundmasse und Einsprenglinge sind durchaus scharf, die Mineralzusammensetzung stimmt vollständig mit der der Quarzporphyre überein.

Die Quarzeinsprenglinge haben vollkommen den Habitus der Komponenten des Porphyrs; sie erreichen bis 1,5 mm. Durchmesser, sind idiomorph, aber korrodiert, haben schlauchförmige Einbuchtungen, die mit Grundmasse erfüllt sind, u. s. w. Zu diesen primären Eigenschaften des Quarzes gesellen sich sekundäre, durch mechanische Einwirkungen hervorgebrachte: undulöse Auslöschung, Zwillingsbildung nach R, Differenzen in der Auslöschung unregelmässig begrenzter Flecken und Streifen gegenüber der Hauptmasse des Krystalls, Veränderung der idiomorphen Gestalt in lang ausgezogene Formen, Absprengung einzelner randlicher Teile, Auflösung in grössere und kleinere Körner und schliesslich Zerstreuung der Fragmente, die somit scheinbar zu Gemengteilen der Grundmasse herabsinken.

Die Feldspateinsprenglinge sind teils Orthoklas, teils Plagioklas; auch sie zeigen primär idiomorphe Begrenzung und alle Eigenschaften der Einsprenglinge porphyrischer Gesteine. Im allgemeinen sind sie durch sekundäre Einflüsse weniger als der Quarz verändert; zwar zeigen auch sie bisweilen Zertrümmerungen, doch ist die primäre Gestalt in den meisten Fällen gut erhalten, die mechanische Einwirkung beschränkt sich gewöhnlich auf polysynthetische Zwillingsbildung beim Plagioklas, undulöse Auslöschung, verschleierte Zwillingsbildung und Andeutung von Mikroklinstruktur beim Orthoklas. Diese Erscheinungen erstrecken sich bald auf einen ganzen Krystall, bald auf unregelmässige Flecke und Putzen, die regellos in einem Einsprengling verteilt sind; in letzterem Fall haben dann die Schnitte durch einen Feldspateinsprengling bei gekreuzten Nicols einen eigentümlichen damastartigen Schimmer. Von Anzeichen stärkerer Einwirkung kommen randliche Absprengungen nicht selten vor. Fast alle Feldspate sind bräunlich getrübt, die Ursache der Trübung ist ein brauner Staub, dessen Natur auch durch Immersionssysteme nicht zu erkennen ist, der sich aber offenbar als fremde Interposition, nicht als Zersetzungsprodukt darstellt. Andere Einsprenglinge sind nicht mehr erhalten; offenbar auf magnesiumreiche Mineralien zurückzuführen sind grosse Haufen von Chloritblättern, die teils selbständig, teils als Netzwerk, dessen feine Maschen von Quarz und Feldspat erfüllt sind, im Gesteine auftreten.

Die Grundmasse besteht hauptsächlich aus einem kryptokrystallinen Gemenge, das ebensogut primär, wie sekundär aus Mikrofelsit oder Glas hervorgegangen, sein kann. Sie wird von sekundären Sericitzügen, die gern von Einsprenglingen ausstrahlen, oft auch untereinander annähernd parallel sind, durchzogen. Andere Teile der Grundmasse sind deutlicher körnig ausgebildet: in ihnen kann man Reste einer primär mikrogranitischen Grundmasse sehen, doch ist die Möglichkeit, dass diese Partien ganz oder doch zum Teil aus zertrümmerten Einsprenglingen bestehen, nicht ausgeschlossen; wenigstens weist ein Teil der Körner, besonders die grössten, oft die sichelförmige Gestalt abgesprengter Teile der Einsprenglinge auf. In der Grundmasse verstreut liegen ferner Blättchen der erwähnten chloritischen Substanz.

Drei Perioden der Mineralbildung kann man bei dem Gestein von der Schwirrenwand oberhalb Mettmen unterscheiden:

1. Einsprenglinge im gewöhnlichen Sinne,
2. eine zweite Generation der konstituierenden Mineralien, die an Grösse bedeutend hinter der ersten Generation zurückbleibt,
3. die mikro- bis kryptokrystalline (primär z. Th. amorphe?) Grundmasse.

Die Feldspate der ersten Generation, Orthoklas und Plagioklas, sind gut idiomorph, so lange nicht mechanische Einflüsse ihre Gestalt verändern, erreichen die gewöhnliche Grösse bis 1 mm und 0,8 mm Breite, weisen sekundäre Zwillingsbildung auf, kurz schliessen sich in allem den bisher beschriebenen Einsprenglingen an. Quantitativ spielen sie in dem Gestein keine grosse Rolle. Eine interessante Beobachtung gestatten mechanisch zerrissene Feldspate, deren Teile in subparalleler Stellung nicht zu weit voneinander entfernt wurden: dann hat nämlich neugebildete Substanz, die durch ihre wasserhelle Klarheit ganz sicher von dem getrübten alten Feldspat zu unterscheiden ist, das Bestreben, die Teile wieder zu einem grossen Krystall zu verkitten. Die Neubildungen setzen sich an die einzelnen Bruchstücke des alten Feldspats an; sie zeigen auch bei polysynthetisch verzwillingtem Plagioklas, an dem diese Erscheinung besonders studiert werden konnte, keine Streifung: die Zwillingsbildung des alten Feldspats kommt bei den Neubildungen dadurch zur Geltung, dass unregelmässig begrenzte grössere Teile gleichzeitig mit dem einen, der Rest mit dem anderen Lamellensystem des alten Feldspates auslöschen. Da nun die Bruchstücke des alten Feldspates nicht mehr orientiert sind, so muss der neugebildete Feldspat in seinen einzelnen Teilen auch ausser der Zwillingsanordnung Differenzen in der Auslöschung zeigen; diese Differenzen sind in der Nähe der alten Bruchstücke thatsächlich vorhanden, gleichen sich aber dort, wo verschieden orientierte neugebildete Substanz zusammenstossen sollte, langsam aus. Die Mitte besteht dann aus scheinbar unverzwillingter, undulös auslöschender Substanz; in ihrem ganzen Charakter gleicht dieser Erscheinung der durch chemische Änderung der Substanz vom Centrum nach aussen in einem Krystall hervorgebrachten Phänomen.

Der Quarz erster Generation tritt gleichfalls in grossen idiomorphen Krystallen auf, die bis zu 1 mm Durchmesser erreichen Er zeigt eine höchst bemerkenswerte Erscheinung: beobachtet man ohne Analysator, so erscheinen die Durchschnitte geradlinig und präcise gegen die dichte graulichbräunliche Grundmasse begrenzt; bei gekreuzten Nicols erkennt man jedoch, dass fast jeder Quarz einen mehr oder minder breiten Hof hat. Dieser Hof besteht gleichfalls aus Quarz, ist gegen den Hauptkrystall scharf durch dessen primäre Begrenzungselemente abgesetzt, verläuft aber gegen die Grundmasse ganz unregelmässig lappig. Er löscht gleichzeitig mit dem Hauptkrystall aus und ist daher auch bei gekreuzten Nicols nur durch die eingeschlossenen Gemengteile der Grundmasse, speciell durch die aufleuchtenden Sericitblättchen kenntlich; ohne Anwendung polarisierten Lichtes ist der Hof von der Grundmasse, deren bräunliche Farbe er teilt, nicht zu unterscheiden. Die Breite der Höfe ist von der Grösse des umschlossenen Krystalls ziemlich unabhängig, sie schwankt sehr und betrug an der breitesten von mir in diesem Gestein beobachteten Stelle 0,25 mm.

Die Gemengteile der zweiten Generation, gleichfalls Orthoklas, Plagioklas und Quarz, unterscheiden sich von den Einsprenglingen durch ihre geringere Grösse — die Breite und Länge der Durchschnitte schwankt bei allen zwischen 0,1 und 0,2 mm — sowie durch die geringere Selbständigkeit ihrer Begrenzungselemente. Die Quarze haben auch hier Höfe, die so breit werden können wie bei den Einsprenglingen; dadurch, dass diese Höfe in gleicher Weise bei den Quarzen verschiedener Generationen auftreten, beweisen sie ihre sekundäre Entstehung. Quantitativ spielen die Gemengteile der zweiten Generation eine viel wichtigere Rolle für den Aufbau des Gesteins als die Einsprenglinge.

Diesen beiden Generationen steht die Grundmasse gegenüber, ein Mineralgemenge, das von kryptokrystalliner bis mikrokrystalliner Struktur schwankt und schliesslich in deutlich erkennbare Körner übergeht. Zur Grundmasse treten wohl Bildungen verschiedener Entstehung zusammen: die kryptokrystallinen Teile mit diffuser Polarisation, in der deutlich erkennbar nur sekundäre Sericitblättchen und Sericitschnüre hervorleuchten, sind wohl ursprüngliche Grundmasse resp. durch Zerfall von Glas oder Mikrofelsit entstanden, von den grösseren Körnern der Grundmasse erweist sich ein Teil durch seine unregelmässig lappigen Umrisse und seinen Platz in der unmittelbaren Nähe von Bruchstücken der Gemengteile erster und zweiter Generation als Produkte der Zertrümmerung, ein dritter Teil endlich offenbart sich durch die selbständige, wenn der Ausdruck bei sekundären Gebilden gestattet ist, panidiomorphe Gestalt seiner Körner als Neubildung. Bemerkenswert ist, dass sich in diesem dritten offenbar neu gebildeten Teil der Grundmasse Feldspat nicht nachweisen lässt.

Durch die ganze Grundmasse verteilt finden sich Sericitblättchen und -stränge, die gern um die Einsprenglinge, besonders die Feldspate, Kränze bilden oder auch in langen Strängen von ihnen ausstrahlen. Durch Zunahme des Sericits arten einzelne Teile des Gesteins geradezu in Sericitschiefer aus; bei solchen Gebilden ist die primäre Struktur bisweilen völlig verwischt. Karbonat findet sich in kleinen Fetzen und Rhomboederchen spärlich im Gestein zerstreut; zahllose dunkle Pünktchen, die als Staub die Feldspate und die Grundmasse bräunlich trüben, gehen vereinzelt in Körnchen über und erweisen sich dann als Eisenerz.

An diese Gesteine schliessen sich unmittelbar, in ihren Anfangsgliedern ähnlich, bei stärkerer Umbildung nur Unterschiede des Grades, nicht der Art zeigend, **zwei Reihen von regionalmetamorphen Quarzporphyren** aus dem Gebiet des Südflügels der Glarner Doppelfalte.

Die eine dieser Reihen betont mehr den die Grössenunterschiede aufhebenden mechanischen Vorgang: die Einsprenglinge werden zertrümmert, die Bruchstücke oder Produkte des Zerfalls sind in extremen Gliedern von den aus der Grundmasse entstandenen Körnern nicht mehr zu trennen. Demgemäss bilden sich, da kein Gemengteil durch seine Grösse oder Gestalt dem eine Parallelordnung anstrebenden Drucke erfolgreicher als irgend ein anderer Widerstand leisten kann, wo Schieferung entwickelt ist, geradlinig schieferige Gesteine. Der anderen Reihe drücken wesentlich chemische Vorgänge den Stempel auf. Der Gegensatz zwischen Einsprenglingen und Grundmasse bleibt erhalten, das charakteristische Produkt der Metamorphose, der Sericit, bringt durch seine blätterige Ausbildung unter der Einwirkung des Gebirgsdruckes flaserige und augengneissartige Strukturen hervor. **Glieder der ersten Reihe** finden sich in grosser horizontaler Verbreitung, aber nicht mächtig, in den Gehängen zwischen Tavanasa und Ruiz an der Oberalpstrasse; sie steigen mit den Schichten des Verrucano, denen sie offenbar konkordant eingelagert sind, nach Norden an, wie ihr Vorkommen in Wasserrissen, kleinen Gruben und losen Stücken an den Abhängen zwischen Panix und Ruiz beweist. Typische Gesteine dieser Reihe fallen durch ihre blendend weisse oder hell- bis graugrüne Farbe auf; sie zeigen dem unbewaffneten Auge nur selten kleine weissliche Einsprenglinge, sind im übrigen vollkommen dicht, durchscheinend und splitterig — in ihrem Habitus Felsitschiefer im Sinne der Schweizer Geologie. Die weniger stark veränderten Gesteine schliessen sich auch in dem äusseren Eindruck den Porphyrschiefern der Nordfalte an. Nicht selten ist die Schieferung makroskopisch so deutlich, dass die Entstehung aus einem Eruptivgestein im Handstück kaum zu vermuten ist, wenn auch eine gewisse Splitterigkeit im Vergleich mit den meisten sedimentär entstandenen Verrucanogebilden immerhin auffallen kann.

Bei den ersten Gliedern dieser Reihe entsprechen die Grössenverhältnisse, die primären Eigenschaften und sekundären Veränderungen der Einsprenglinge völlig denjenigen aus den Porphyrschiefern der Freiberge; die Zahl der erhaltenen Einsprenglinge ist allerdings geringer als bei den Glarner Gesteinen, während nach der Zahl und Art der Trümmer sich erkennen lässt, dass das Verhältnis der Grundmasse zu den Einsprenglingen in beiden Gesteinen ursprünglich gleich war. Lediglich Häufchen von Quarzkörnern, die oft noch in runder Gestalt, oft langgezogen und schliesslich schnurartig im Gestein liegen, sowie zahlreiche Trümmer von Feldspaten, die ihre primäre Natur durch ihre Gestalt wie durch ihre Trübung erweisen, stellen diese Gesteine an die Spitze der ersten Reihe.

Die Grundmasse unterscheidet sich von derjenigen der Glarner Gesteine durch das gänzliche Fehlen mikro- oder kryptokrystalliner Gebilde; sie besteht aus Körnern, unter denen man einen Teil der grösseren nach der Art ihrer Anordnung beim Quarz, nach Gestalt und Beschaffenheit beim Feldspat als zertrümmerte Einsprenglinge auffassen kann, umsomehr als man besonders beim Feldspat Einsprenglinge sieht, die sich randlich in ein Körnerwerk auflösen. Die eigentliche Grundmasse besteht aus Körnchen, deren Grösse sehr schwankt; kleine, erst bei stärkeren Vergrösserungen deutlich sichtbare bilden mit solchen, die die Grössenverhältnisse der aus den Einsprenglingen entstandenen besitzen, eine fortlaufende Reihe.

Soweit es sich aus dem mikroskopischen Befunde schliessen lässt, sind diese Körner hauptsächlich Quarz, wenigstens konnte Zwillingsbildung nur selten festgestellt und zweiachsige Achsenbilder nur ganz vereinzelt beobachtet werden.

Die grosse Rolle, die Sericit in der Grundmasse spielt, macht ausserdem das Zurücktreten des Feldspates wahrscheinlich. Das Verhalten des Sericit giebt Aufschluss über die Entstehung der Körner: bald füllt er Lücken zwischen ihnen aus, windet sich in Strängen durch das Haufwerk der Körner hindurch und ist somit offenbar jünger als die Körner — bald erscheint er in zahlreichen Blättchen, bildet mit den Körnchen ein panidiomorphes Gemenge und ist somit mit den Körnern gleichalterig. Die erste Art des Auftretens findet sich immer dort, wo die Körner sich als mechanisches Produkt aus den Einsprenglingen erweisen; man ist also berechtigt, auch in Fällen, in denen die Natur der Körner sicht direkt nicht mehr nachweisen lässt, bei dem beschriebenen

Verhalten des Sericit sie als primär, also zertrümmerte Einsprenglinge oder als Reste einer krystallisierten Grundmasse zu betrachten. Die zweite Art des Auftretens beweist, da der Sericit stets eine Neubildung ist, dass auch die Körner, mit denen er zu einer panidiomorphen Struktur zusammentritt, Neubildungen sein müssen. In fast allen Fällen, in denen Sericit bei diesen Gesteinen sich jünger erweist als die Körner, liegen deutlich erkennbar zertrümmerte Einsprenglinge vor, an Reste einer krystallierten Grundmasse kann man kaum denken; somit erscheint die ganze eigentliche Grundmasse umkrystallisiert. Die primäre Grundmasse wandelte sich in ein Gemenge von Quarz und Sericit nebst sehr wenig Feldspat um, ein Vorgang, der für eine Quarzporphyrgrundmasse, mag sie nun mikro- oder kryptokrystallin, mikrofelsitisch oder glasig sein, chemisch sehr leicht verständlich ist.

Erwähnenswert sind noch Körner von Epidot und Karbonat, die ihrer Lage im Gestein nach aus Plagioklas hervorgegangen sind. Im Verlauf dieser Reihe schreiten die mechanischen Phänomene fort, die Zahl der erhaltenen Einsprenglinge vermindert sich immer mehr, die Zertrümmerungsprodukte werden den Neubildungen immer ähnlicher, schliesslich gehen die Feldspattrümmer auch in Sericit, Karbonat etc. über und so in der Grundmasse auf. Nur ein Vorgang, der auch auf dynamischen Einwirkungen beruht, tritt diesem Ausgleich zwischen Einsprenglingen und Grundmasse bis zu einem gewissen Grade entgegen: die Feldspate resp. Feldspattrümmer besitzen in sehr vielen Fällen einen wasserhellen Saum von neugebildeter Substanz, die bald unverzwillingt und dann mit ziemlicher Wahrscheinlichkeit als Orthoklas anzusprechen ist, bald durch Zwillingslamellierung sich als Plagioklas erweist. Thatsächlich kann dieses Fortwachsen der Feldspatreste die Auflösung des gesamten Gesteins in Körner und Blättchen nicht lange mehr aufhalten; die nivellierende Tendenz siegt über das Bestreben, Neubildungen zu schaffen und durch sie den zertrümmerten Einsprenglingen wieder zu der alten Bedeutung zu verhelfen, obgleich beide Wirkungen durch dieselbe Kraft, den Gebirgsdruck, hervorgerufen werden.

Mit fortschreitender Umwandlung nimmt auch die Parallelanordnung zu; liegen im Anfange noch die Einsprenglinge störend wie Fremdkörper im Gestein und zwingen die Zonen zu Ausbuchtungen, so entsteht schliesslich ein schieferiges Gestein, in dem schmale, sericitreiche und sericitarme bis -freie Zonen farbloser Körner miteinander abwechseln. Einige von diesen Zonen zeichnen sich durch langgezogene Flatschen etwas grösserer Körner aus: es sind dies die letzten Andeutungen ehemaliger Einsprenglinge; vereinzelt finden sich noch Quarze und Feldspate, die, von Sericit umflossen, an die ursprüngliche Porphyrnatur des Gesteins erinnern. Schwinden auch diese Merkmale oder lag primär ein einsprenglingsfreies Gestein vor, so gelangt man zu Gesteinen, die ebenso gut aus Sandstein mit thonigem Cäment entstanden sein können und die thatsächlich von metamorphen sedimentären Gebilden nicht zu unterscheiden sind.

Die zweite Reihe, die die flaserige Struktur bevorzugt, ist mir nicht in so zahlreichen Gliedern bekannt. Die Tendenz zu flaseriger Ausbildung wurde schon bei den relativ schwach veränderten Porphyren der Nordfalte erwähnt, gewisse Gesteine der Südfalte aus den Gehängen des Rheinthales zwischen Tavanasa und Ruiz sind diesen Gesteinen durchaus ähnlich, nur zeigen sie eine etwas stärker flaserige Struktur.

Typisch flaserig sind einige Varietäten aus der Nähe des Seeli unweit von der Höhe des Panixer Passes; die weissgrünlichen Gesteine zeigen im Querbruch Quarze und Feldspate, die von dünnen grünlichen Schichten in gewundenen Streifen umzogen werden. Im Schliff tritt der flaserige Charakter deutlich hervor, zu ihm gesellen sich aber noch Züge, die das Gestein gleichzeitig als einen umgewandelten Quarzporphyr charakterisieren. Zunächst weist die Grösse und Beschaffenheit der Quarze, Orthoklase und Plagioklase auf einen ursprünglichen Porphyr hin. Besonders die Feldspate zeigen fast immer noch idiomorphe Begrenzung; die Quarze erinnern durch Einschlüsse der Grundmasse an Einsprenglinge der Quarzporphyre, ihre Gestalt ist offenbar sekundär verändert, lang gezogen und ausgewalzt. Die sekundäre Veränderung der Gestalt beweisen die ungewöhnlich starken optischen Anomalien fast jeden Quarzkornes. So löschen z. B. zwei entgegengesetzte Ecken einer Quarzplatte gleichzeitig aus, während die übrige Substanz noch hell ist; bei einer Drehung des Tisches setzt sich von beiden Ecken aus die Auslöschung in die Substanz fort, bis schliesslich bei einer Drehung von 25 Grad die Mitte dnnkel ist. In anderen Fällen, in denen die Auslöschung sich nur in einer Richtung fortpflanzt, waren Drehungen bis zu

40 Grad erforderlich, ehe jeder Punkt eines Kornes einmal dunkel wurde.

Der Feldspat bietet von sekundären Erscheinungen hauptsächlich verschleierte oder deutliche Zwillingsbildung, sowie die eigentümliche moiréartige Zeichnung bei gekreuzten Nicols, hervorgerufen durch die innige Mengung und Durchdringung verschieden orientierter Feldspatsubstanz. Auch hier hat also der Feldspat kraft der Umlagerungsfähigkeit seiner Moleküle dem Drucke gegenüber seine Gestalt besser bewahrt als der Quarz.

Sodann spricht das Verhältnis, in dem diese grossen Komponenten zu dem übrigen Gestein stehen, für die Auffassung dieser Gebilde als veränderte Quarzporphyre: es ist direkt das Verhältnis der Einsprenglinge zur Grundmasse porphyrischer Gesteine. Die Grundmasse besteht aus einem Aggregat kleiner Körnchen, in dem bei schwachen Vergrösserungen nur Sericitblättchen hervorleuchten, während bei Anwendung stärkerer Systeme Aggregatpolarisation beobachtet werden kann. In dieser Grundmasse liegen Chloritblättchen und, dem ganzen Gestein seinen Charakter aufprägend, kompakte Sericitstreifen und -schnüre, die sich flaserig um die Einsprenglinge herumziehen. Die Grundmasse folgt teilweise, wie die Chlorit- und Sericitblättchen erkennen lassen, den Flaserzügen der Sericitwülste, liegen aber auch, zum Teil sich gleichsam auf die Einsprenglinge als Mittelpunkt stützend, in dem von den Sericitschnüren gebildeten Schlingen; dann liegt in der Regel der Hauptteil dieser eingeschlossenen Grundmasse in den toten Räumen vor und hinter dem Einsprengling, seitlich schliessen die gewundenen Teile gewöhnlich enger an ihn an.

Die ganze Grundmasse trägt den Charakter einer chemischen Neubildung; offenbar ist sie bei ihrer leichteren Angreifbarkeit, die bei Glas und Mikrofelsit in der Substanz selbst, bei mikrokrystalliner Grundmasse in der relativ grossen Oberfläche, die sie den Atmosphärilien bietet, begründet ist, der durch Verbindung vom Druck und hoher Temperatur mineralumbildend wirkenden Gebirgsbildung erlegen, während die grösseren Einsprenglinge den chemischen Kräften noch widerstehen konnten. Der Gegensatz in der Grösse der erhaltenen Einsprenglinge und der neugebildeten Grundmasse in Verbindung mit dem Reichtum an blätterigen Bildungen in der letzteren haben die flaserige Struktur hervorgebracht.

Zertrümmerung der Einsprenglinge oder Umwandlung in Sericit führt diese Reihe sehr rasch in die grosse Gruppe der Sericitschiefer, aus der vorläufig nur vereinzelte Glieder in besonders günstigen Fällen ihre Entstehung aus Eruptiv- oder Sedimentgesteinen mit Sicherheit nachweisen lassen.

Ein Vergleich dieser metamorphen Porphyre mit den analogen Varietäten der Windgälle lässt auch hier wieder die grosse Ähnlichkeit der Gesteine beider Eruptivgebiete hervortreten (vgl. Schmidt, Porphyre der Centralalpen, Neues Jahrbuch, Beilage, Bd. IV, S. 426—431); Schmidt gelangt von kompakten Gesteinen zu quarzitähnlichen geradschieferigen „Felsitschiefern" und erwähnt auch die Neigung anderer Varietäten zu reichlicher Sericitbildung.

Somit ist die Umwandlung eines und desselben Porphyrvorkommens durch den Gebirgsdruck in zwei verschiedene Arten schieferiger Gesteine wohl eine weit verbreitete, nicht lokale Erscheinung.

Untersucht man die geographische Verbreitung der einzelnen Varietäten des geschieferten Porphyrs in der Glarner Doppelfalte, so gehören wieder, wie bei den Melaphyren, die am schwächsten veränderten Gebilde dem Nordflügel, die stärker veränderten dem Südflügel an.

Für die Gesamtheit dieser Gesteine aber, besonders bezeichnend für das langsame Verfliessen ihrer eruptiven Strukturen in mechanische, gilt das Wort Heims, mit dem er die schieferigen Porphyre der Windgälle charakterisiert (Mechanismus I, S. 38): „es macht den Eindruck, als habe Quetschung die petrographische Gesteinsgrenze zwischen verrucanoähnlichen Gesteinen und Porphyren ein Stück weit in den ursprünglich massigen Porphyr hinein verschoben."

FSC
www.fsc.org
MIX
Papier | Fördert gute Waldnutzung
FSC® C083411

Zeitfracht Medien GmbH
Ferdinand-Jühlke-Straße 7
99095 Erfurt, Deutschland
produktsicherheit@kolibri360.de